普通高等教育规划教材

Huafa Jihe Yu Tujian Zhitu Xitiji

# 画法几何与土建制图习题集

（第二版）

（土木工程专业用）

林国华　主编
徐志宏　主审

人民交通出版社

## 内 容 提 要

本习题集是《画法几何与土建制图（第二版）》的配套教材，主要内容包括：投影的基本知识，点和直线的投影，平面的投影，直线与平面、平面与平面，投影变换，曲线与曲面，立体，剖面图和断面图，轴测投影，标高投影，透视投影，制图基础知识和基本技能，计算机绘制工程图，组合体的投影，房屋建筑图，道路路线工程图，桥隧涵工程图，水利工程图，结构施工图，给排水工程图，建筑电气及采暖工程图。本书为本科、高职高专土木工程专业的技术基础课程教材，也可作为土木工程技术人员的参考用书。

图书在版编目（CIP）数据

画法几何与土建制图习题集/林国华主编．—2版．—北京：人民交通出版社，2007.8
ISBN 978-7-114-06466-1

Ⅰ.画… Ⅱ.林… Ⅲ.①画法几何－高等学校－习题 ②建筑制图－高等学校－习题 Ⅳ.TU204－44

中国版本图书馆CIP数据核字（2007）第040975号

书　　名：画法几何与土建制图习题集（第二版）
著 作 者：林国华
责任编辑：袁　方　韩亚楠
出版发行：人民交通出版社
地　　址：(100011)北京市朝阳区安定门外外馆斜街3号
网　　址：http://www.ccpress.com.cn
销售电话：(010)59757969，59757973
总 经 销：人民交通出版社发行部
经　　销：各地新华书店
印　　刷：北京鑫正大印刷有限公司
开　　本：787×1092　1/8
印　　张：16.5
版　　次：2001年6月　第1版
　　　　　2007年8月　第2版
印　　次：2011年6月　第2版　第4次印刷　累计第9次印刷
书　　号：ISBN 978-7-114-06466-1
印　　数：22001－24000册
定　　价：25.00元

# 前　言

本习题集参照《房屋建筑制图统一标准》、《道路工程制图标准》、《水利水电工程制图标准》、《给水排水制图标准》等国家系列标准修订。本习题集配合教材《画法几何与土建制图》(第二版)使用。

为了更好地加强基础理论学习并加强基本训练，配合教材培养空间想象能力和空间思维能力，本习题集适量地安排了画法几何中的点、线、面、体和透视等有关内容，并注意选编直线与平面及它们之间的平行、相交、垂直等较为复杂的解决定位与量度的综合题。

本习题集在内容编排上，采取由浅入深，由易到难，由简到繁的原则，力求符合认识发展的规律，使读图与绘图相结合，抓住基本理论，培养学生对建筑形体的空间想象力和图示能力。并注意培养学生认真负责、一丝不苟的工作作风。要求解答习题和绘制作业时严格做到：表达完整，尺寸齐全，作图准确，图线粗细分明，字体整齐端正，图面布置均匀合理。

为了使学生熟悉制图标准并加强制图基本技能的训练，画法几何部分所有习题要求用铅笔绘制；制图基础训练部分作业有铅笔图和墨线图，要求完成 2~4 张 A3 图幅的铅笔图和墨线图；专业制图中大部分练习内容取材于生产实践，要求用 AutoCAD 完成 2~3 张 A3 图幅的专业制图内容。

由于土建各专业教学学时不相同，因此建议在习题和作业的数量上，可根据具体情况，由任课教师酌量增删。

本习题集由福州大学林国华主编，上海同济大学徐志宏教授主审。

参加编写习题集的人员按章节顺序有：福州大学林国华、卢建涛、许莉、陈沂等。

由于编者水平所限，本习题集中一定存在不少缺点和错误，恳请使用本书的教师、同学和读者提出宝贵意见，给予批评指正。

编者

2007年 3 月

# 目　录

1-1 已知形体的 *V*、*H* 面投影，补画 *W* 面投影。

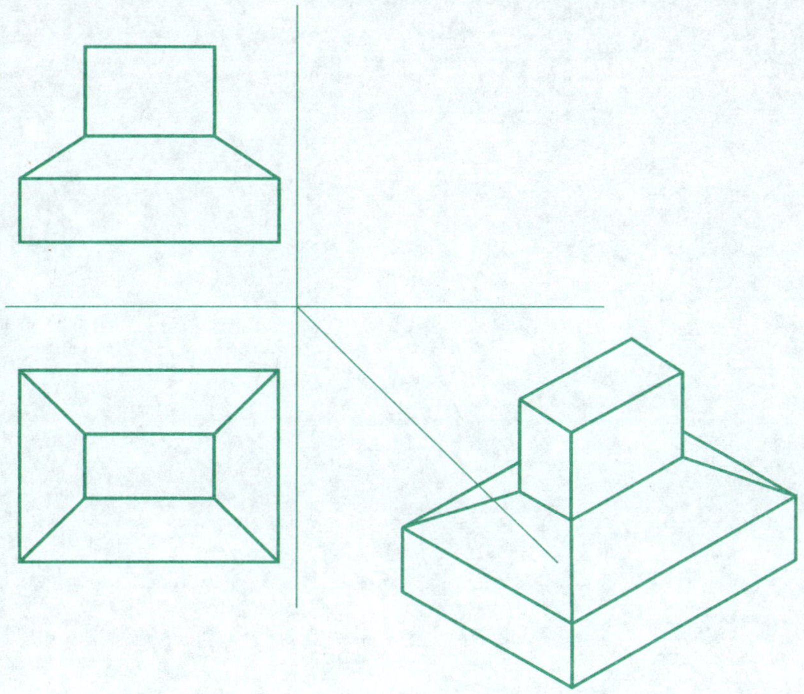

1-2 已知形体的 *H*、*W* 面投影，补画 *V* 面投影。

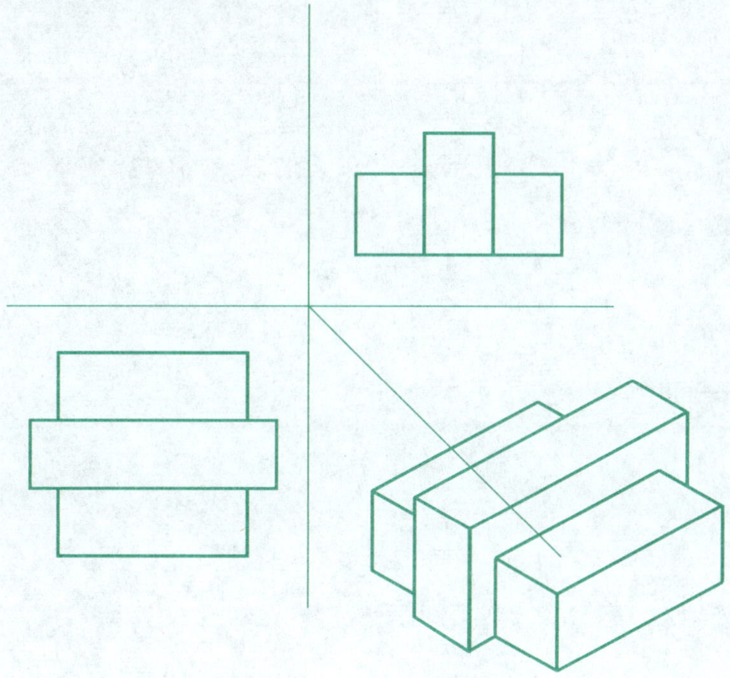

1-3 已知形体的 *V*、*W* 面投影，补画 *H* 面投影。

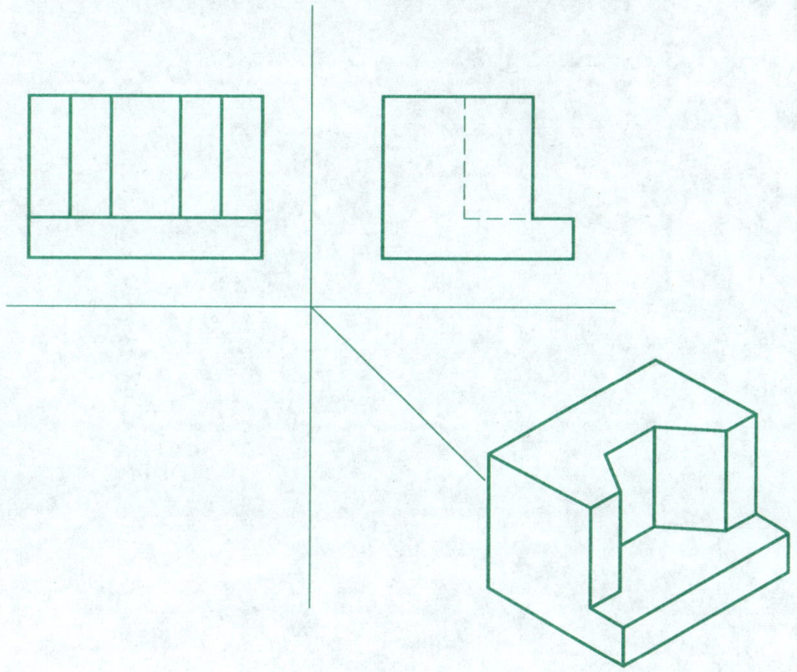

1-4 已知立体的 *V* 面投影，试根据图中尺寸补画 *H*、*W* 面投影。

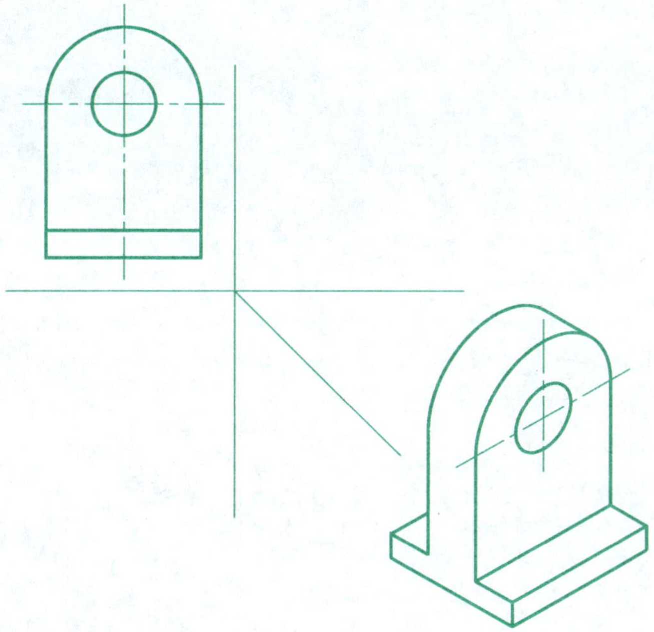

1-5 已知立体的 *H* 面投影，试根据图中尺寸补画 *V*、*W* 面投影。

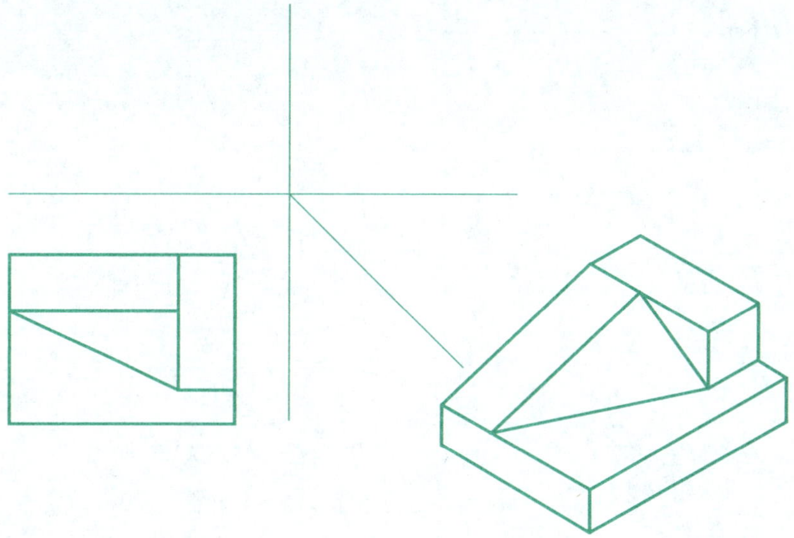

1-6 已知立体的 *W* 面投影，试根据图中尺寸补画 *V*、*H* 面投影。

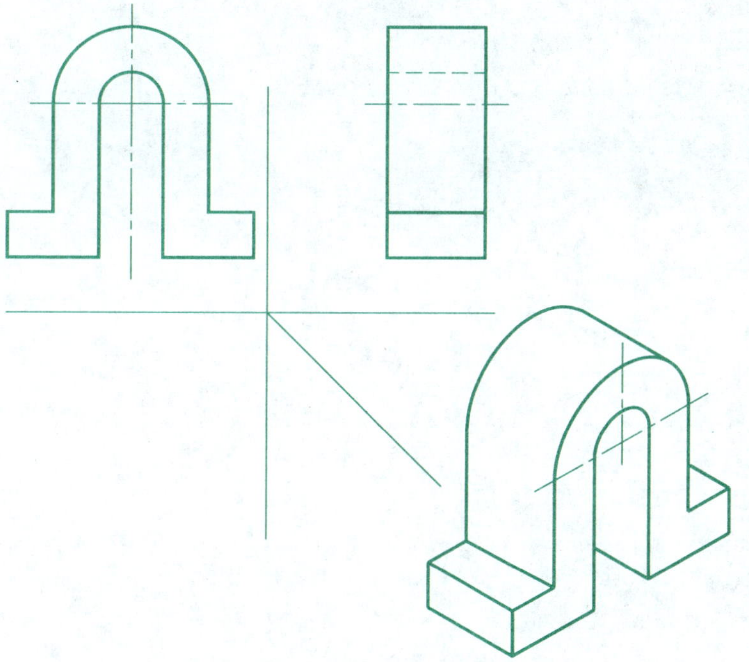

| 一 | 投影的基本知识(一) | 专业 | 班 | 姓名 | 学号 | 日期 | 评阅 | 成绩 |
|---|---|---|---|---|---|---|---|---|

1-7 由立体图画出形体的三面投影图(本页形体的大小按 1∶1 在立体图上量取)。

1-8 由立体图画出形体的三面投影图。

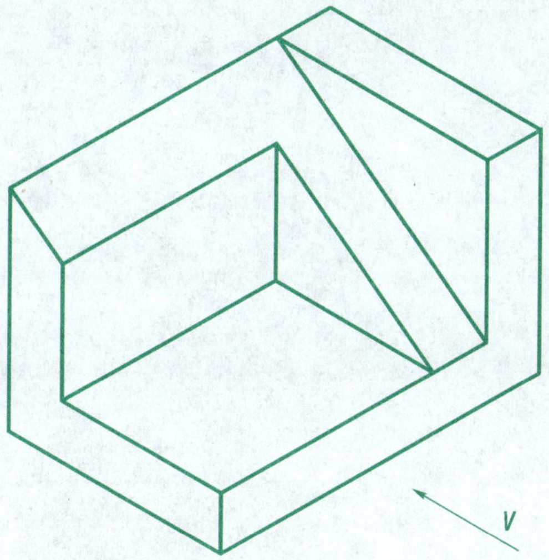


1-9 由立体图画出形体的三面投影图。

1-10 由立体图画出形体的三面投影图。

2-1 已知各点的空间位置，试作其投影图。

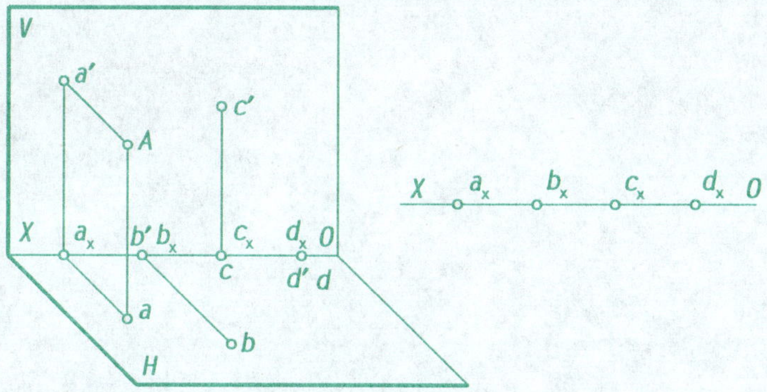


2-2 已知 A、B、C、D 点的空间位置，试作其投影图。

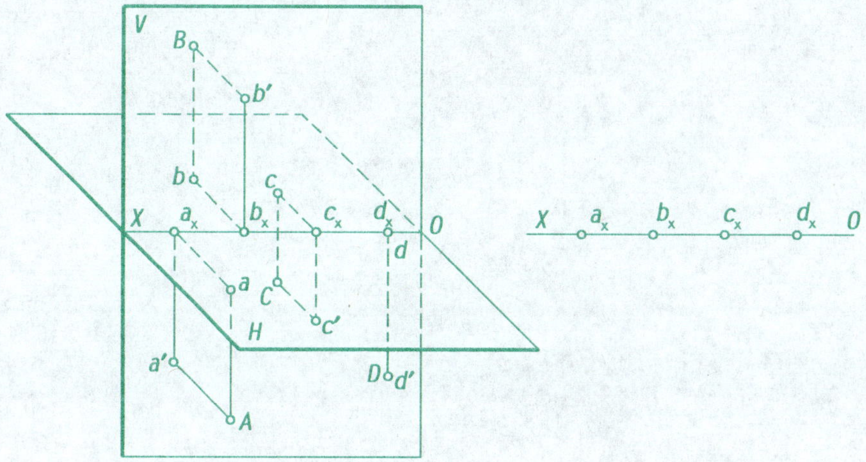


2-3 已知点 B 在点 A 的右边 5，前方 15，下方 10，点 C 在点 A 的正前方 10，试画出 B、C 的投影图。(单位:mm)

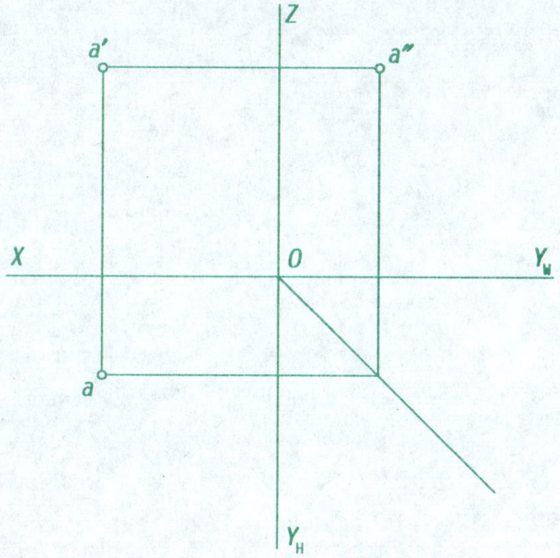


2-4 已知 A、B、C、D 各点的三面投影，试判断其相对位置，填写：A 在 B 之(　)____，A 在 C 之(　)____，A 在 D 之(　)____。

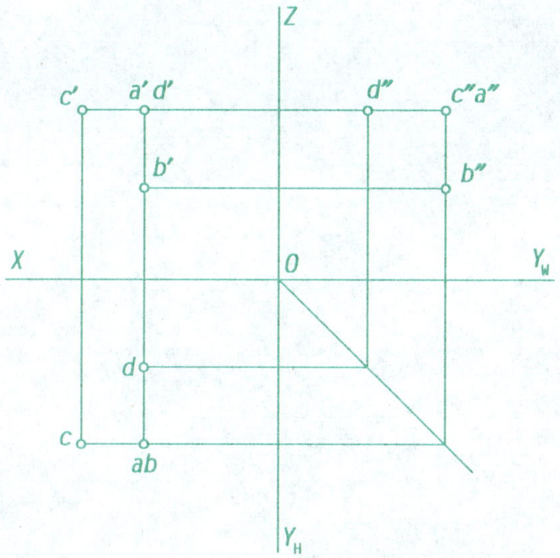


2-5 已知三棱锥的两面投影，求第三投影，并判断各棱线相对投影面的位置。

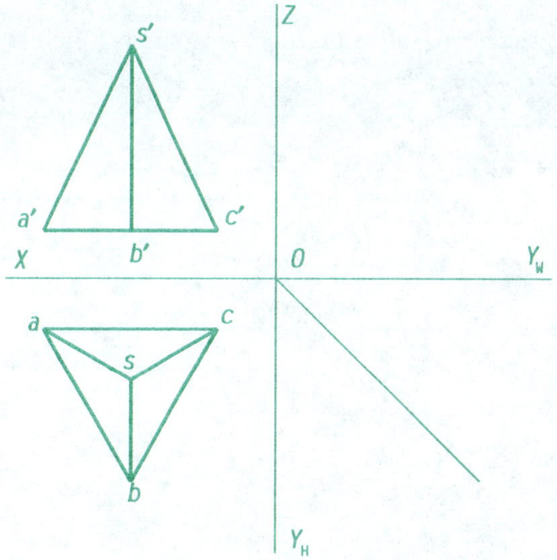


AB是______线

BC是______线

AC是______线

SA是______线

SB是______线

SC是______线

2-6 已知直线 AB 的两面投影，求 AB 的实长和对 H 投影面的倾角。

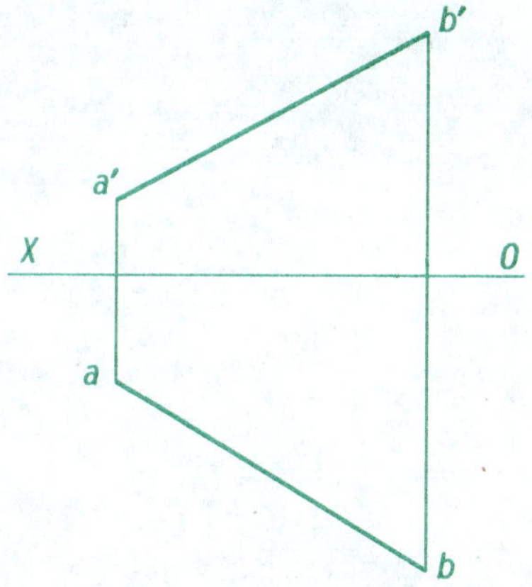


| 二 | 点和直线的投影(一) | 专业 | 班 | 姓名 | 学号 | 日期 | 评阅 | 成绩 |
|---|---|---|---|---|---|---|---|---|

2-7 已知直线 $AB$ 的正面投影和点 $A$ 的水平投影，$AB$ 的实长为 30mm，求 $AB$ 的三面投影。

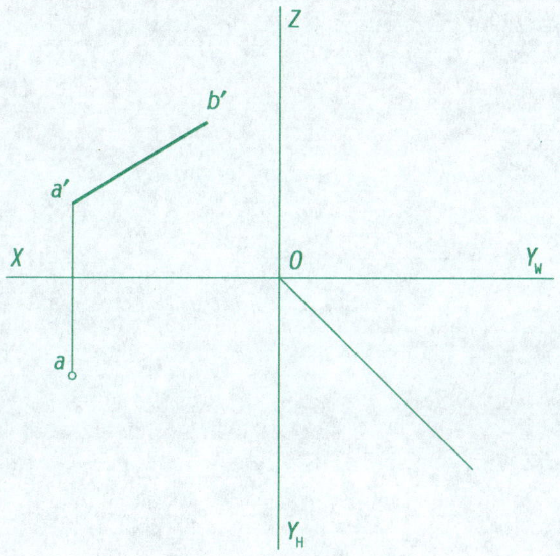


2-8 在直线 $AB$ 上求一点 $P$，使 $P$ 点与 $H$、$V$ 投影面的距离相等。

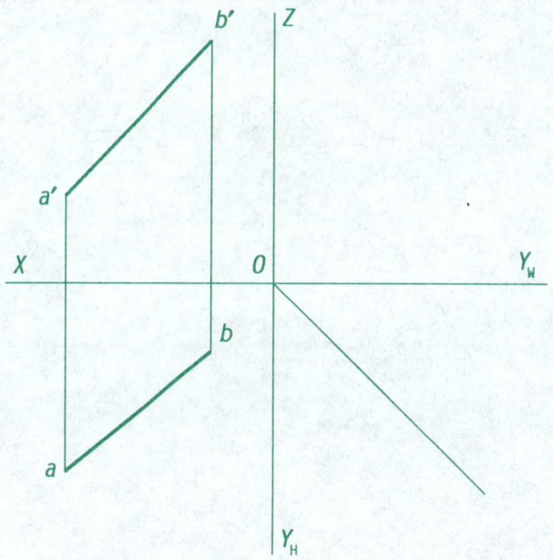


2-9 求直线 $AB$ 的迹点。

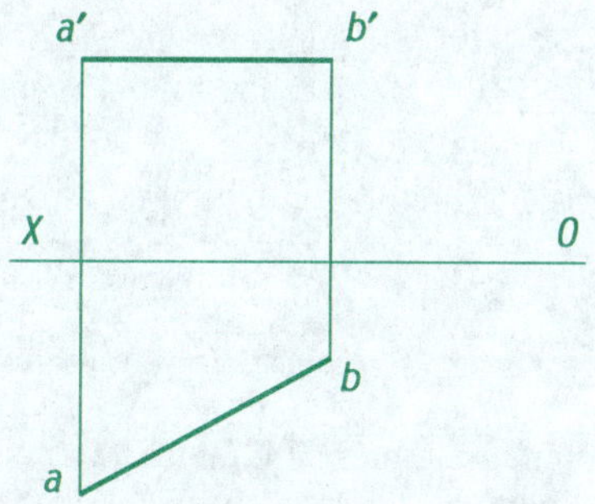


2-10 $K$ 点在直线 $AB$ 上，已知 $k$，求作 $k'$。

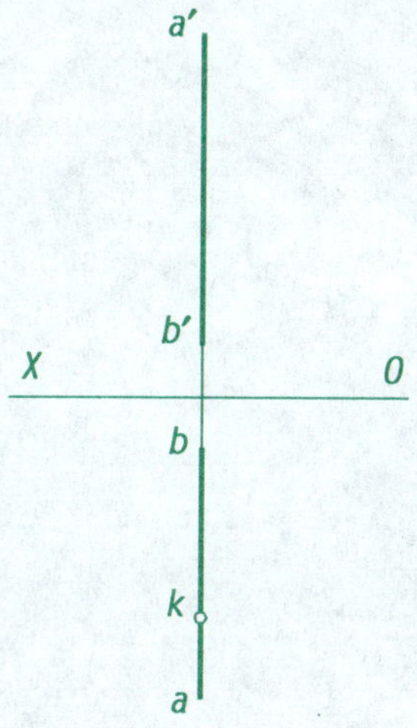


2-11 正平线 $AB$ 距 $V$ 面为 20mm，试求 $ab$、$a''b''$ 及其在 $H$、$W$ 面的迹点。

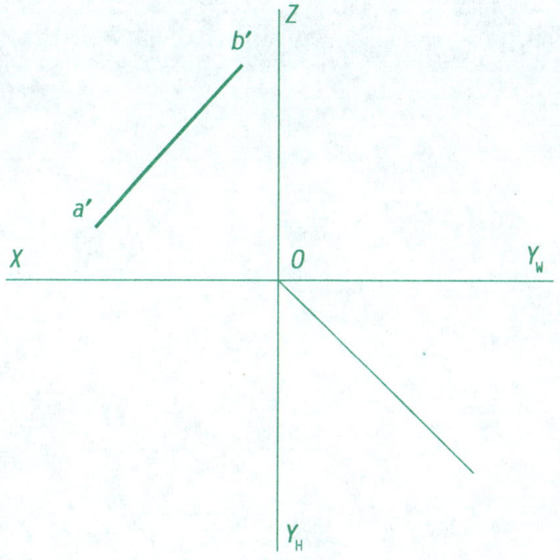


2-12 已知直线的迹点 $M$、$N$ 的投影 $m$、$n'$，求作此直线，并求 $MN$ 的实长。

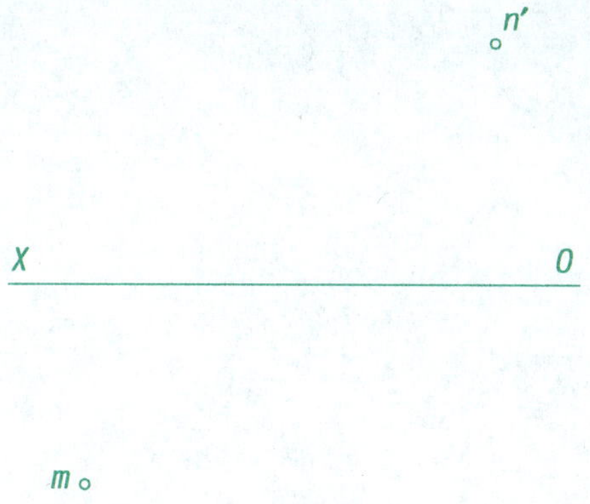


2-13 正平线 $AB \parallel CD$，且已知它们相距为 15mm，求 $c'd'$ 可以有几解？

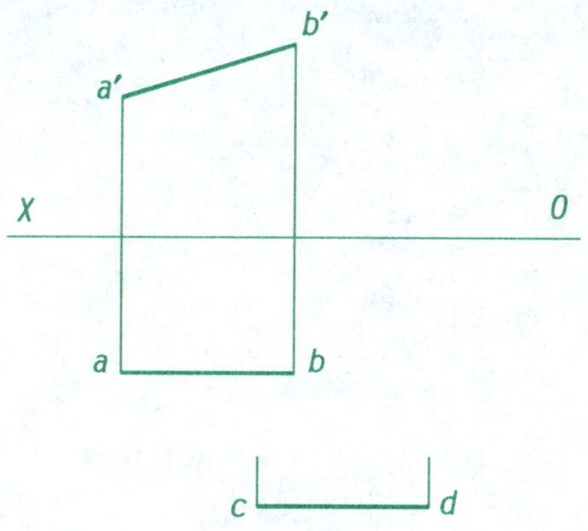

2-14 判别 $AB$ 和 $CD$ 两直线的相对位置(平行,相交,交叉)。

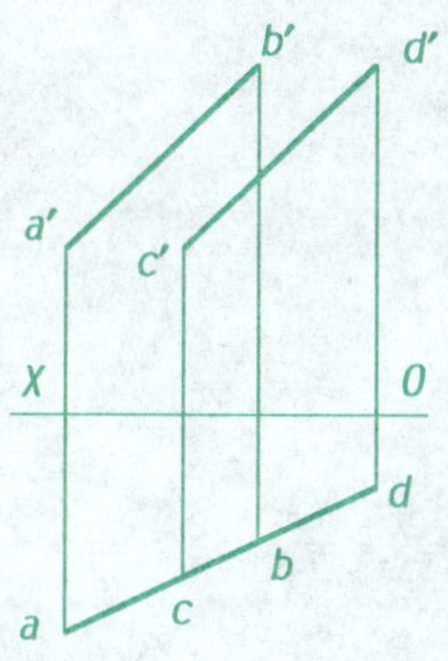


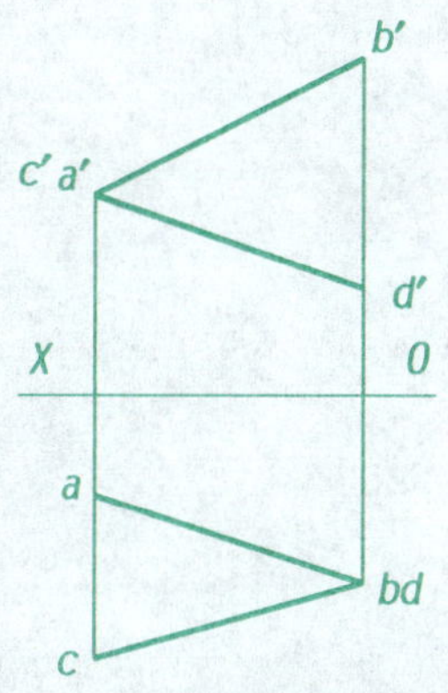


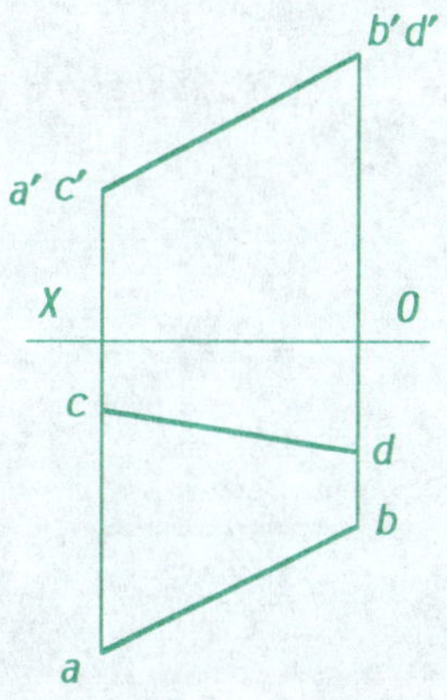


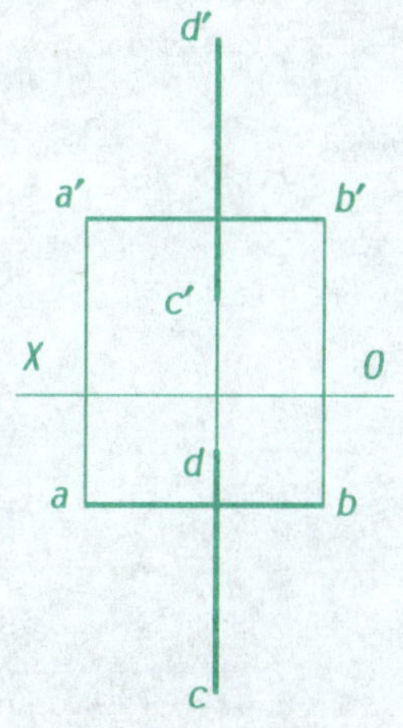


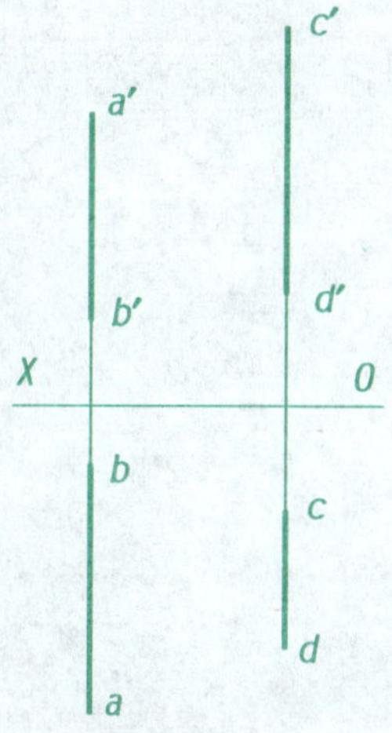


2-15 已知两直线 $AB$、$CD$ 相交,$CD$ 为一水平线,求作 $c'd'$。

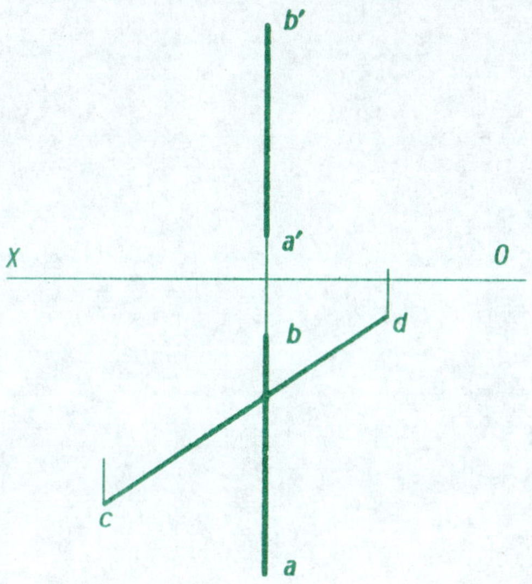


2-16 试求两交叉直线重影点的投影,并判别可见性。

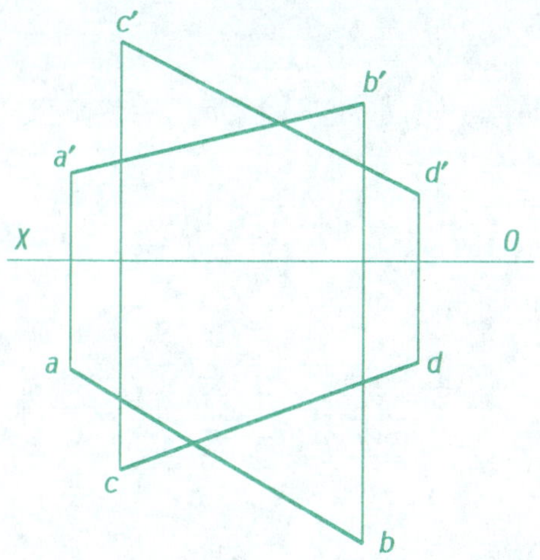


2-17 过 $K$ 点作一直线与 $AB$ 相交,使交点 $M$ 与 $V$、$H$ 投影面等距离。

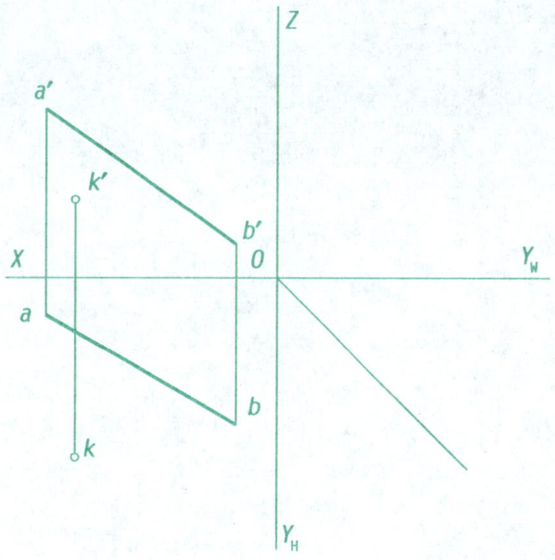


2-18 求 $AB$ 及 $CD$ 两交叉直线之间的距离。

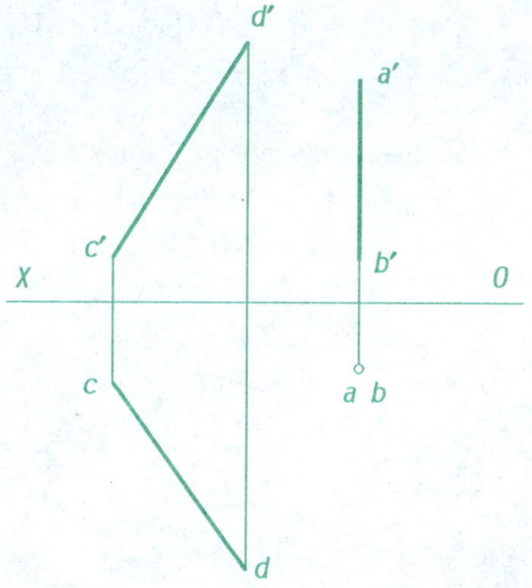


**2-19 已知 $AC$ 为水平线,作出等腰三角形 $\triangle ABC$($B$ 为顶点)的水平投影。**

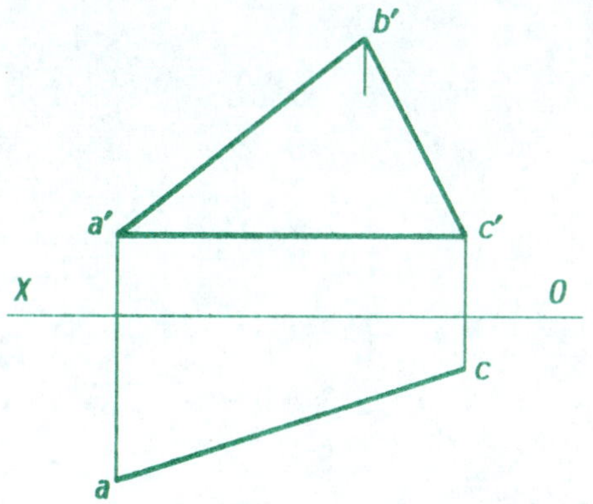

3-1 判别下列平面相对投影面的位置，并作其第三投影。

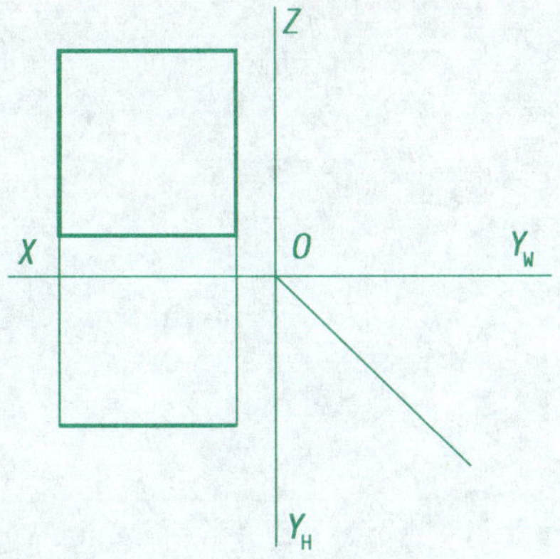


为＿＿＿＿＿＿面

(1)

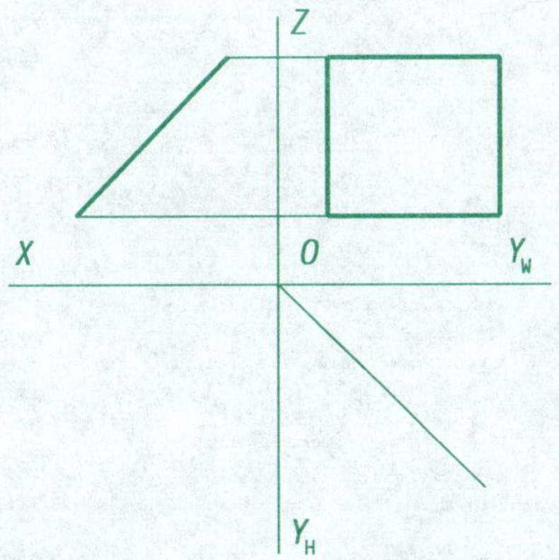


为＿＿＿＿＿＿面

(2)

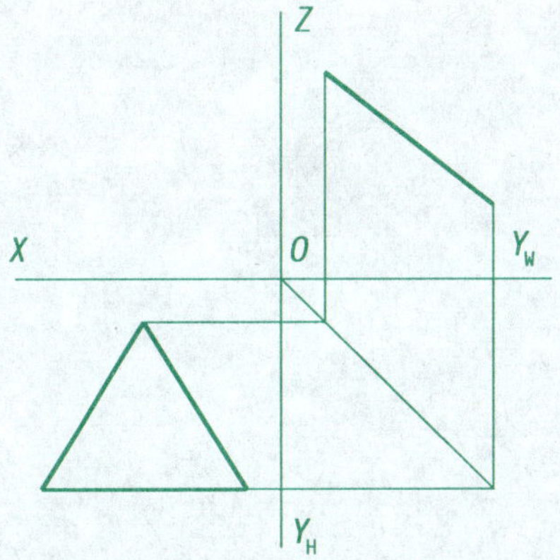


为＿＿＿＿＿＿面

(3)

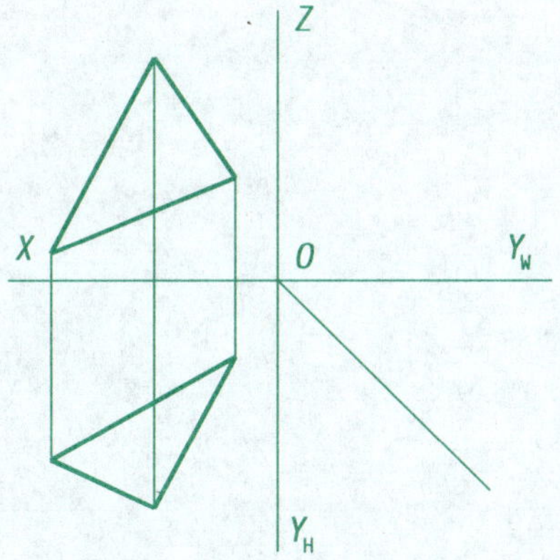


为＿＿＿＿＿＿面

(4)

3-2 已知平面是由相交直线 *AB*、*CD* 组成，求该平面的水平投影。

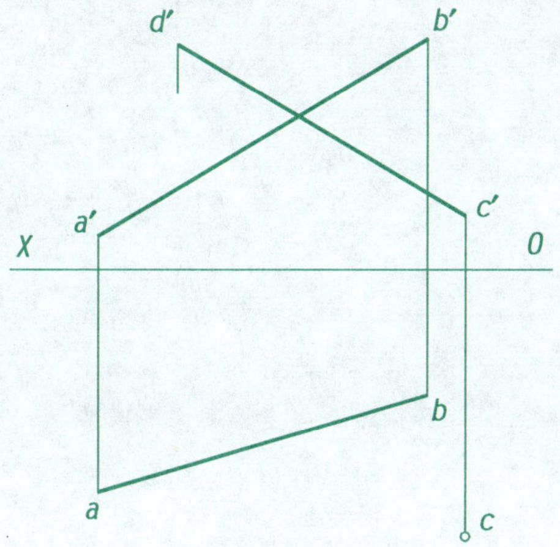


3-3 已知四边形 *ABCD* 为水平面，试作其 *V* 面及 *W* 面投影。

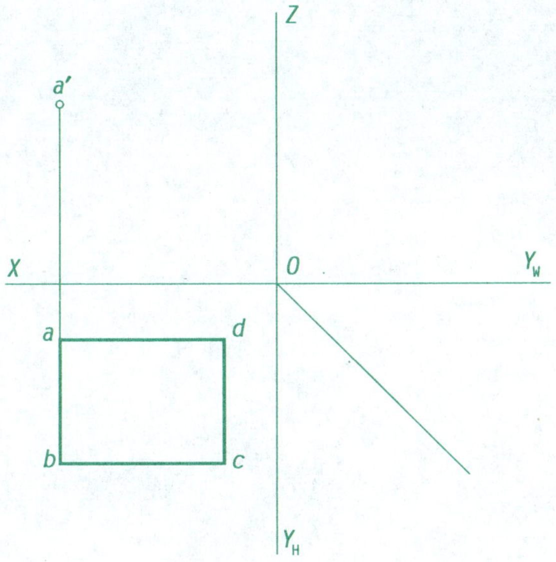


3-4 已知△*ABC* 为铅垂面，其与 *V* 面的倾角为 30°，试作其 *H* 面及 *W* 面投影。

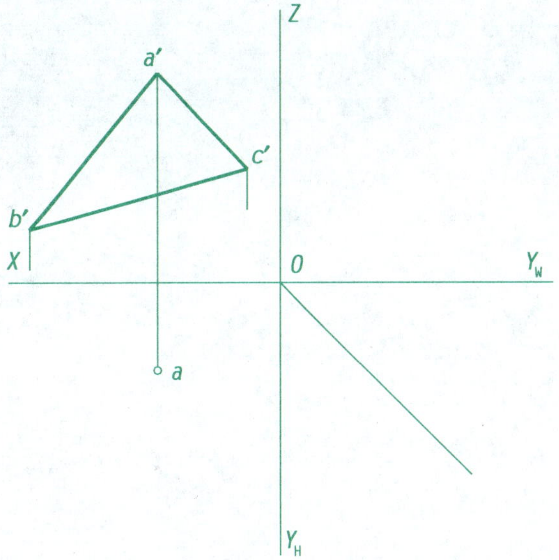


3-5 作出如图所示侧垂面的 *V* 面投影。

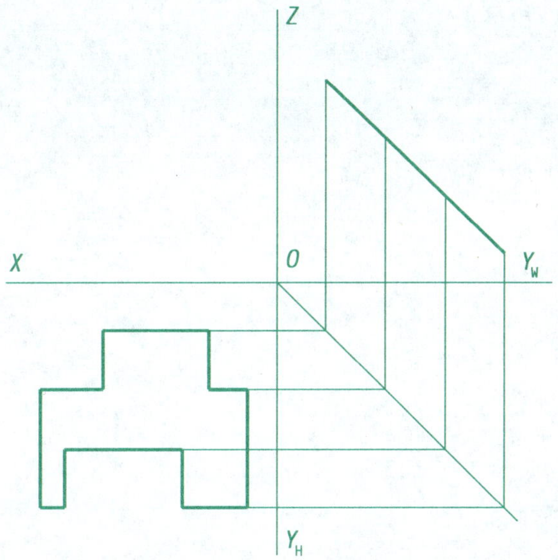


3-6 求△*ABC* 的 *H* 面及 *V* 面迹线。

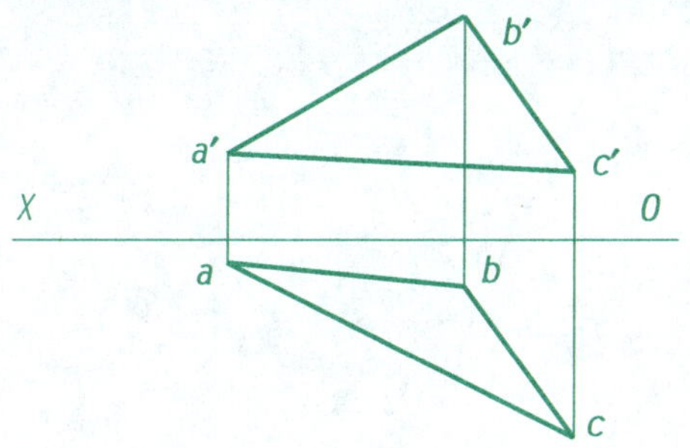

3-7 在△$ABC$ 上作水平线 $BD$ 及正平线 $CE$。

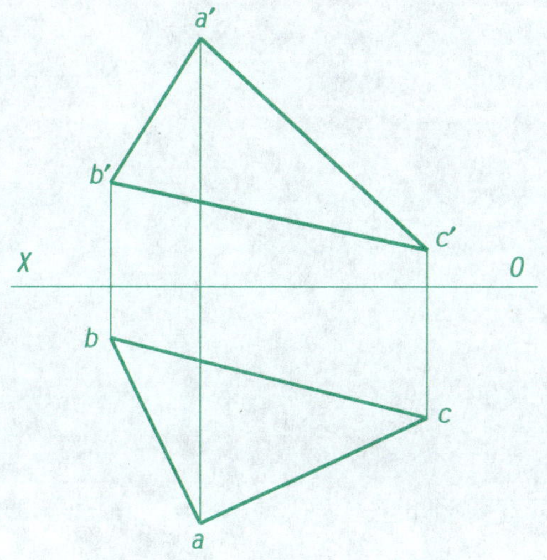


3-8 在△$ABC$ 上确定 $K$ 点,使 $K$ 点距离 $H$ 面为 20,距离 $V$ 面为 24。(单位:mm)

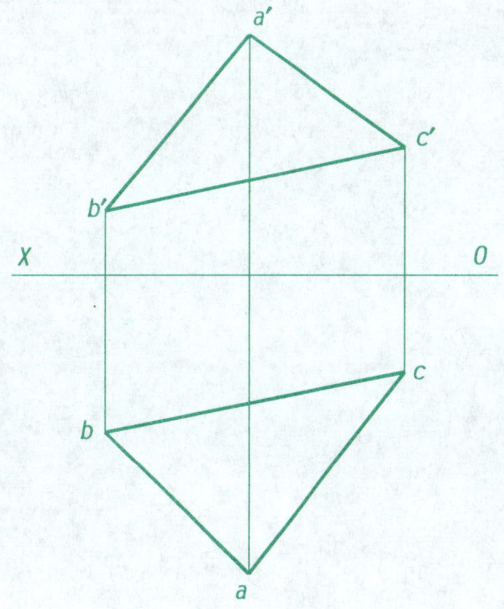


3-9 完成五边形平面 $ABCDE$ 的两面投影。

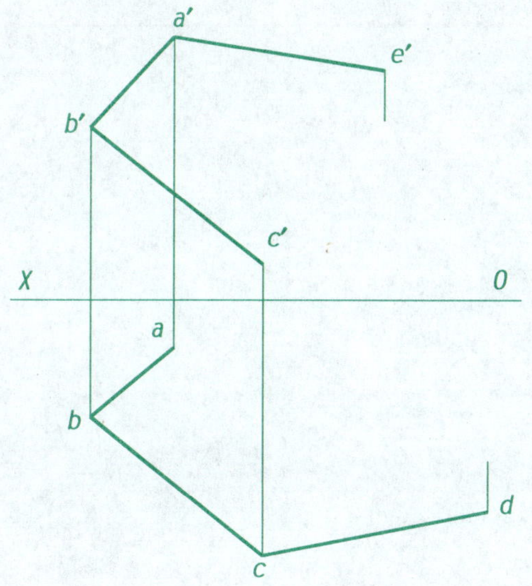


3-10 已知平面的水平投影,试完成其正面投影。

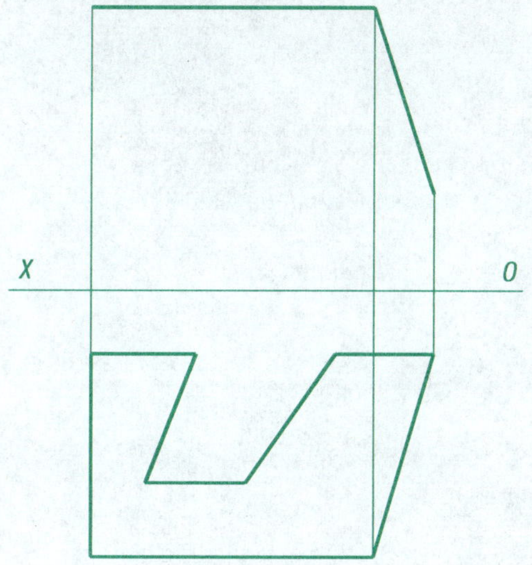


3-11 求△$ABC$ 平面对 $V$ 面的倾角 $\beta$。

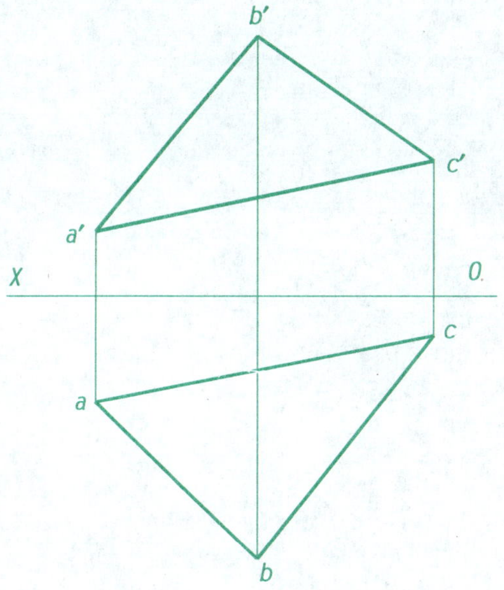


3-12 假设在平面 $ABCD$ 上的 $M$ 点有一小球滚下,试求其轨迹的投影,并求该面对 $H$ 投影面的倾角 $\alpha$。

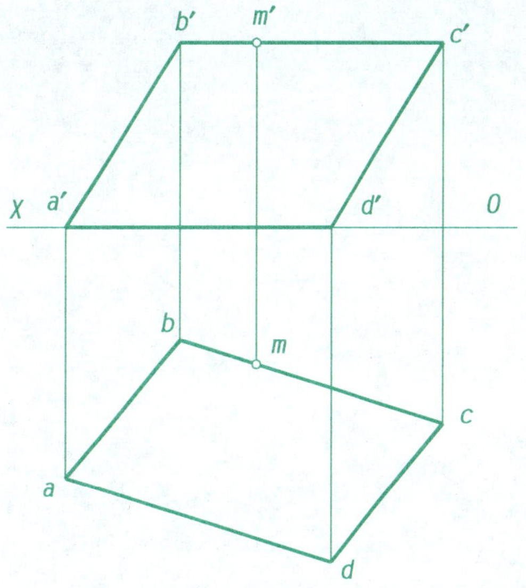


3-13 已知四边形平面 $ABCD$ 的 $AD$ 边平行于 $V$ 面,$BC$ 边平行于 $H$ 面, 作出该平面的 $V$ 面投影。

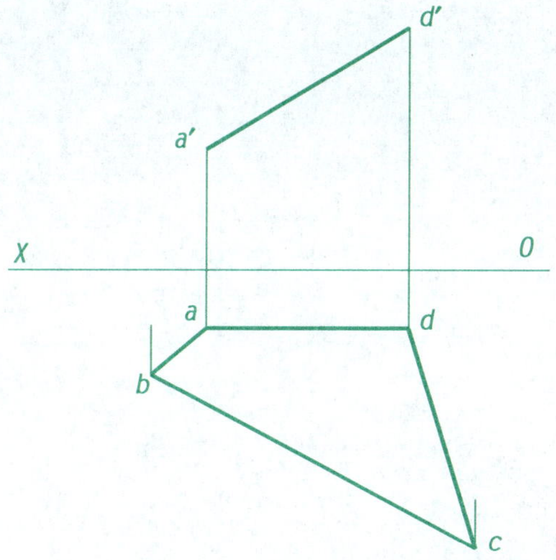


3-14 已知直线 $AB$ 是某一平面上对 $H$ 投影面的最大坡度线,试作该平面的两个投影(用平面表示)。

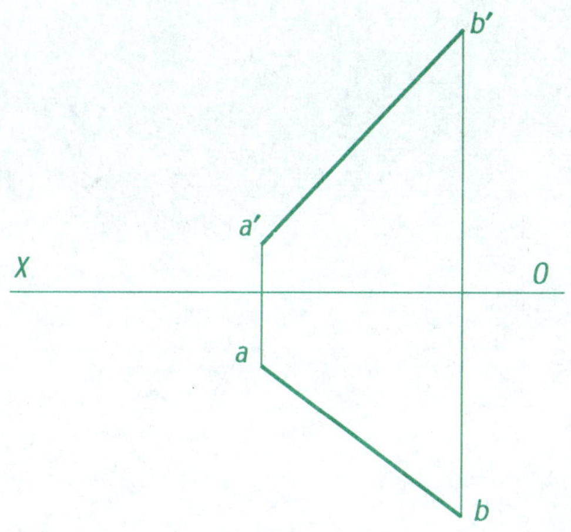


| 三 | 平面的投影(二) | 专业 | 班 | 姓名 | 学号 | 日期 | 评阅 | 成绩 |
|---|---|---|---|---|---|---|---|---|

4-1 已知直线 *DE* 平行于△*ABC*，且已知 *de* 及 *d*′，求 *d*′*e*′。

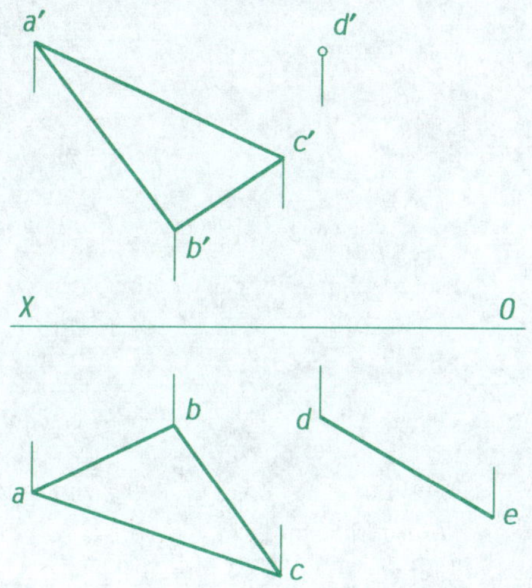


4-2 判别平面 *ABDC* 与平面 *EFG* 是否平行。

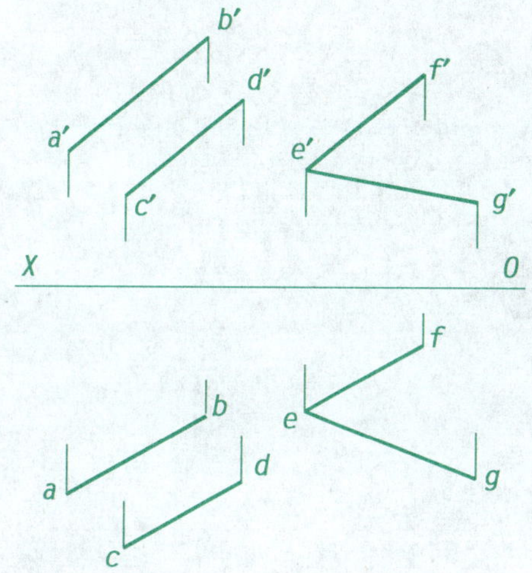


4-3 求直线与平面的交点，并判别可见性。

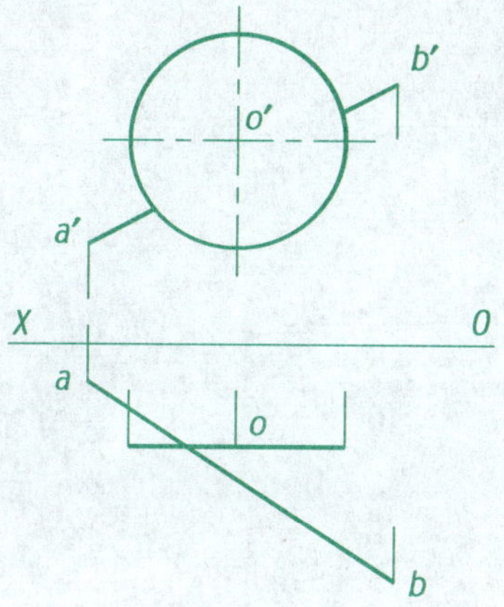


(1)

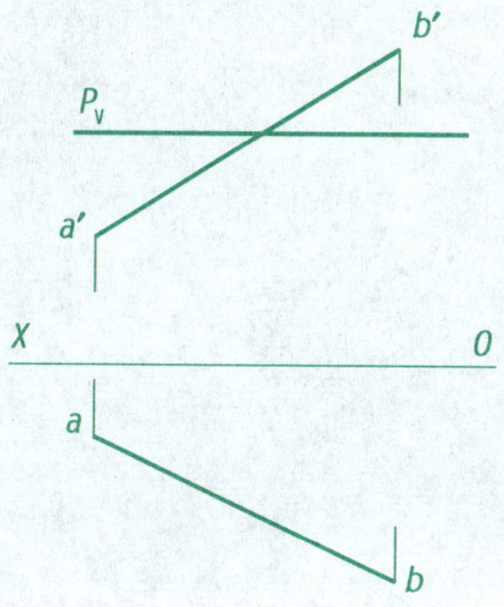


(2)

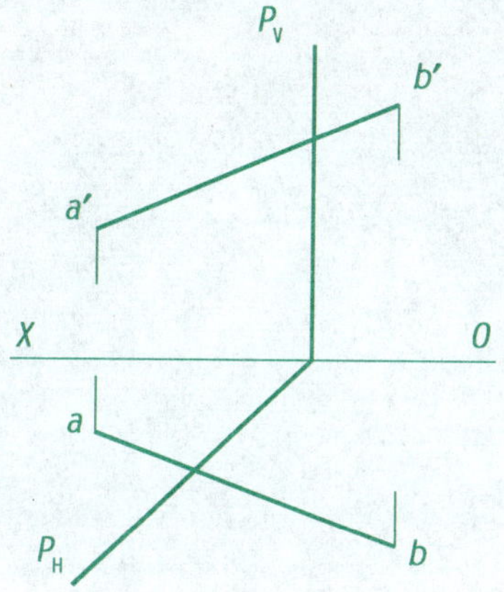


(3)

4-4 求平面与平面的交线，并判别可见性。

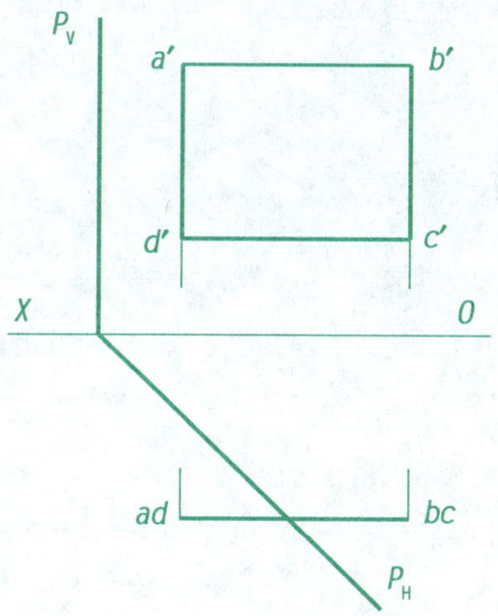


(1)

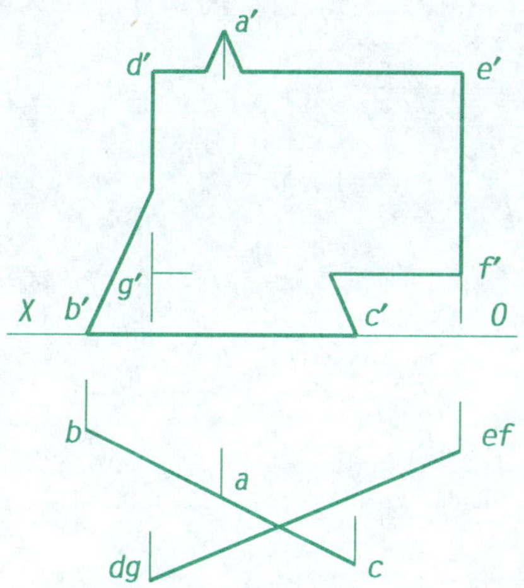


(2)

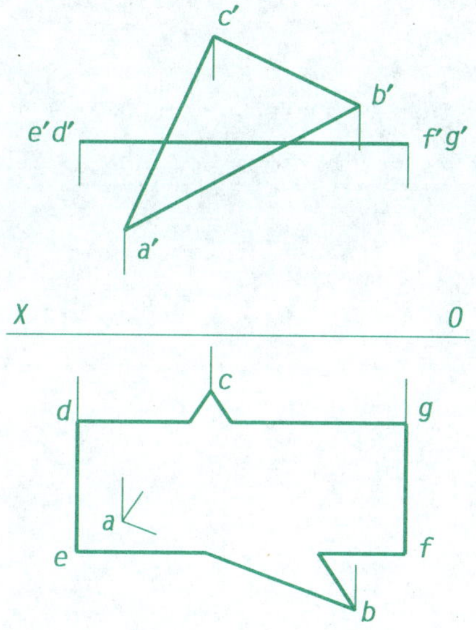


(3)

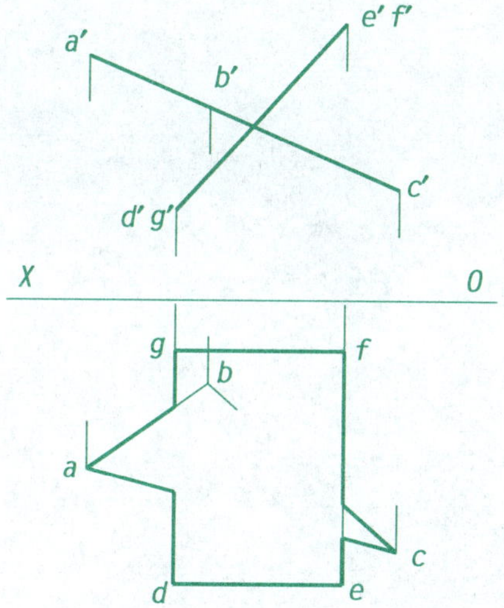


(4)

4-5 求直线 *AB* 与平面 *DEF* 的交点,并判别直线 *AB* 的可见性。

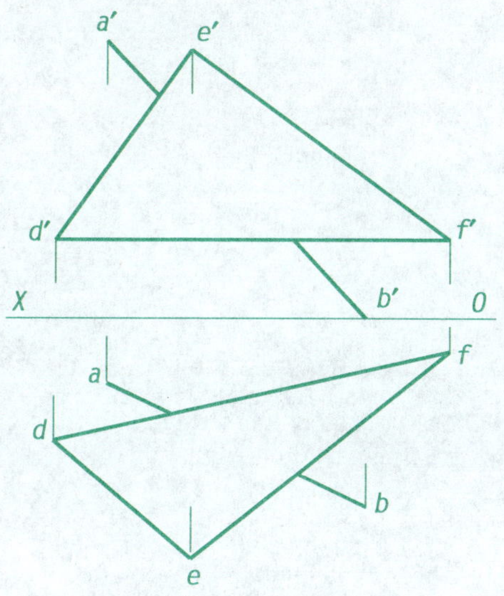


4-6 求直线 *AB* 与平面 *CDEF* 的交点,并判别直线 *AB* 的可见性。

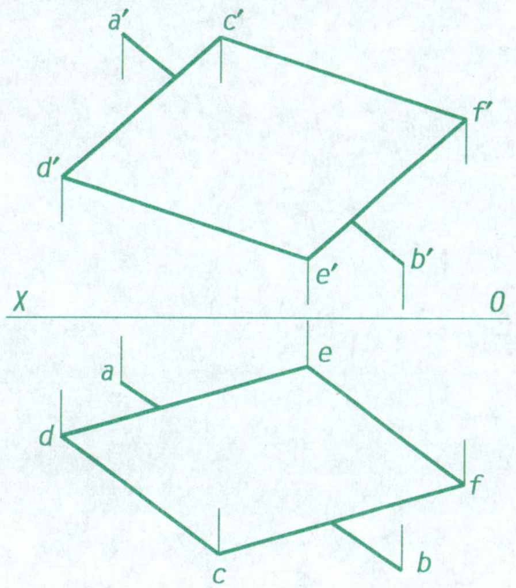


4-7 求两平面的交线,并判别可见性。

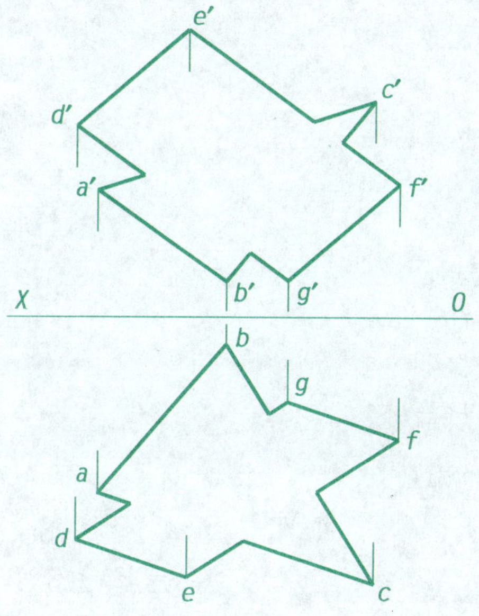


4-8 求两平面的交线,并判别可见性。

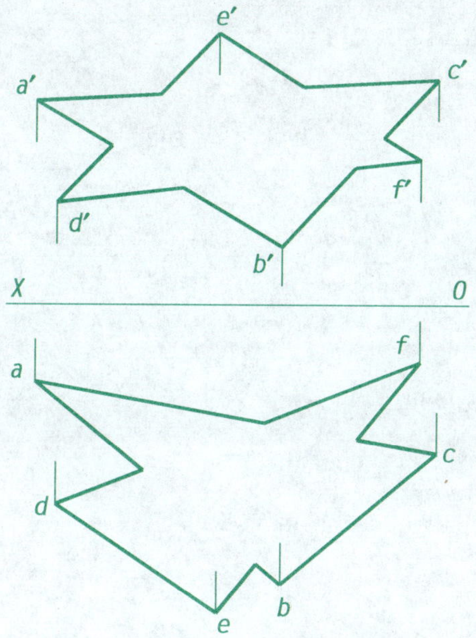


4-9 求平面 *ABDC* 与平面 *EFG* 的交线。

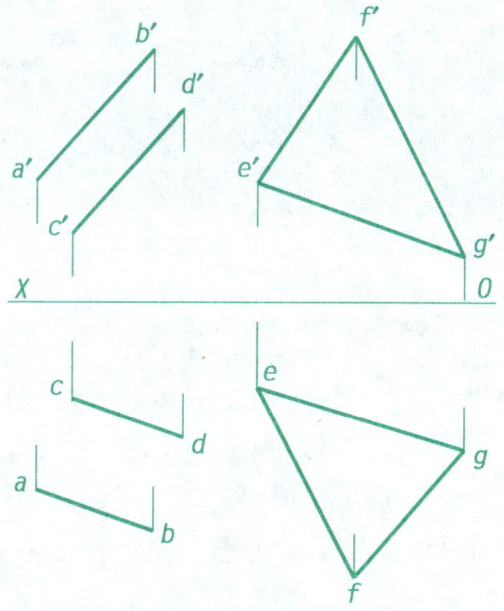


4-10 过 *K* 点作平面△*ABC* 的垂线,并求垂足的投影。

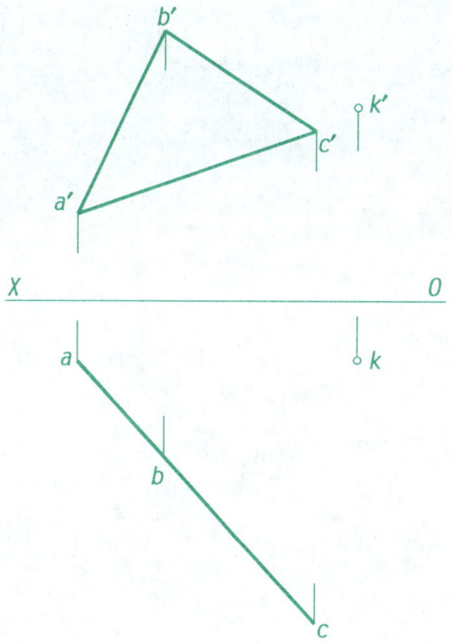


4-11 过 *K* 点作平面△*ABC* 的垂线,并求垂足的投影。

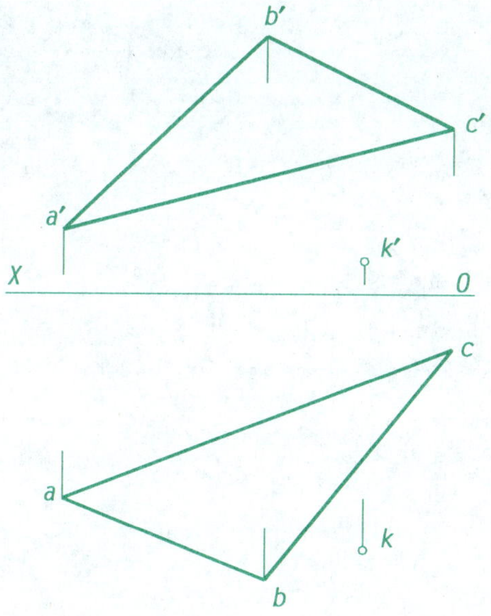


4-12 已知 *A* 点到平面△*BCD* 的距离为 20mm ,求 *A* 点的 *V* 面投影。

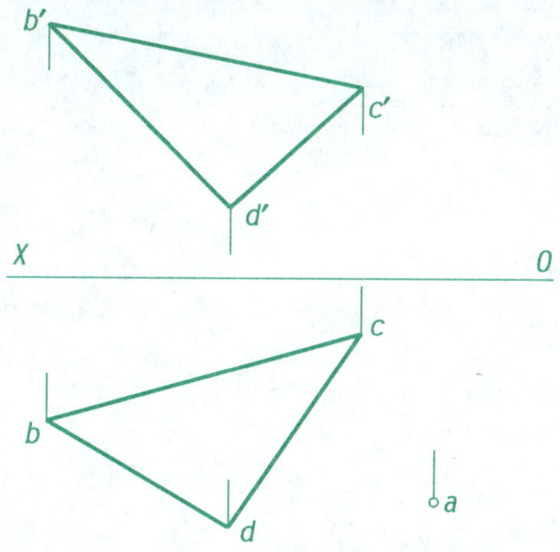


| 四 | 直线与平面、平面与平面(二) | 专业 | 班 | 姓名 | 学号 | 日期 | 评阅 | 成绩 |
|---|---|---|---|---|---|---|---|---|

4-13 过点 *K* 作直线 *KM* 与△*ABC* 平行，且与 *EF* 相交。

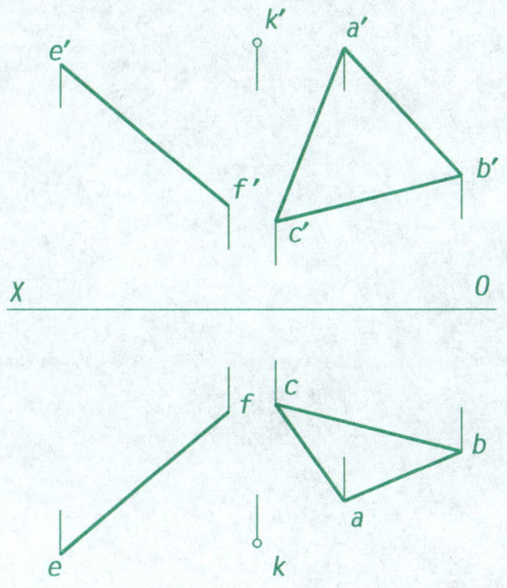


4-14 在平面 *ABCD* 上求出与点 *M* 和点 *N* 等距的点的轨迹 *L*。

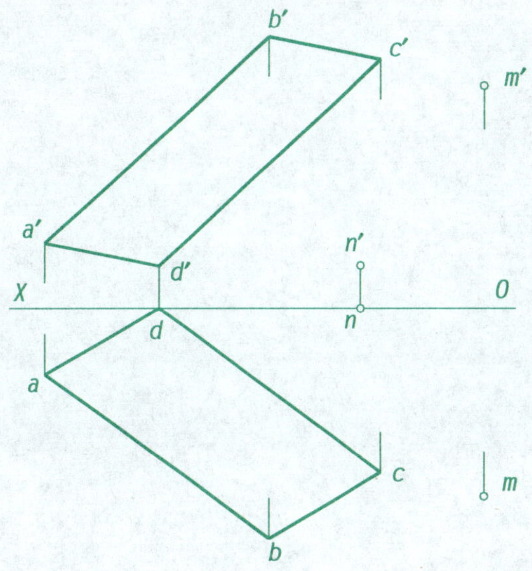


4-15 以△*ABC* 上的水平线 *BC* 为边作一正方形 *BCDE*,并使其垂直于△*ABC*。

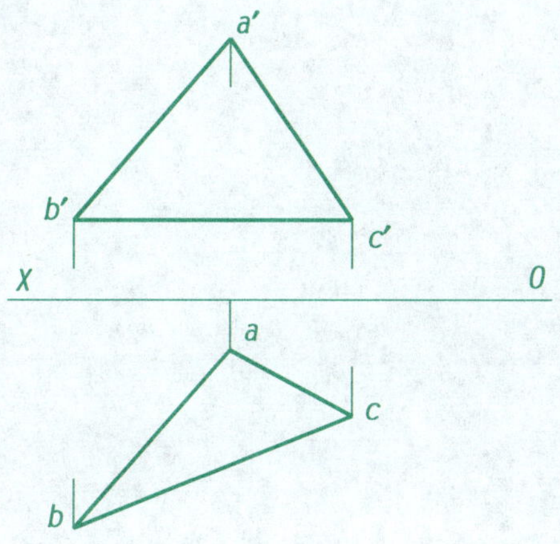


4-16 以平面△*ABC* 为对称平面，求作点 *M* 的对称点 *N*。

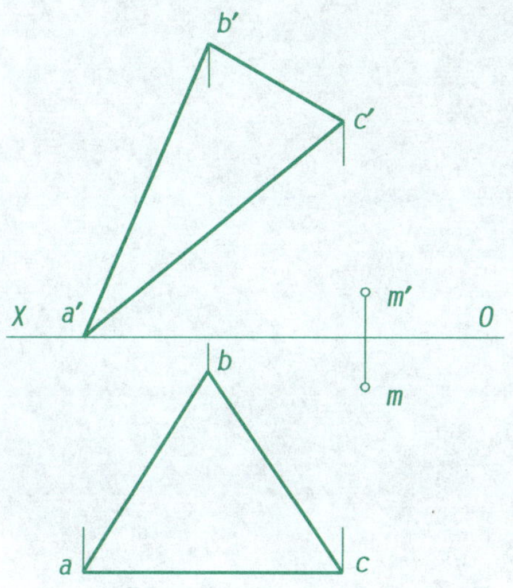


4-17 已知直线 *AB* 垂直于直线 *BC*,求 *ab*。

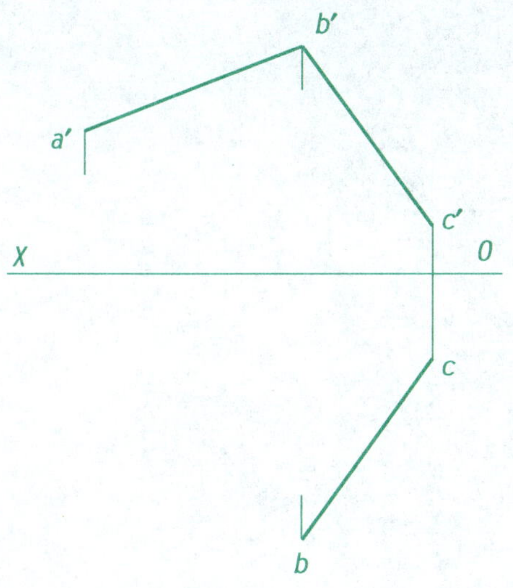


4-18 在直线 *AB* 上找一点 *K*,使 *KC*=*KD*。

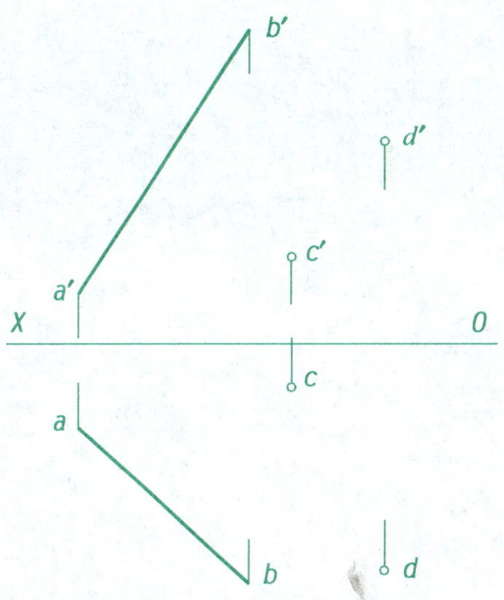


4-19 在△*EFG* 上作一条直线 *CD*,使其与直线 *AB* 垂直相交。

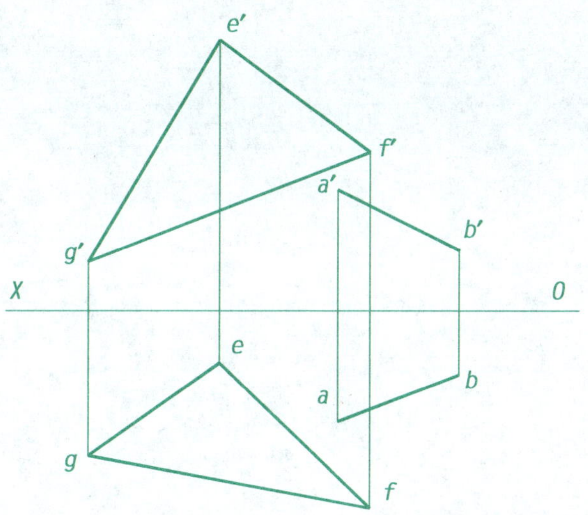


4-20 *AC* 为菱形 *ABCD* 的一条对角线,顶点 *B* 在 *H* 面内,距离 *V* 面为 25mm,试作菱形的两面投影。

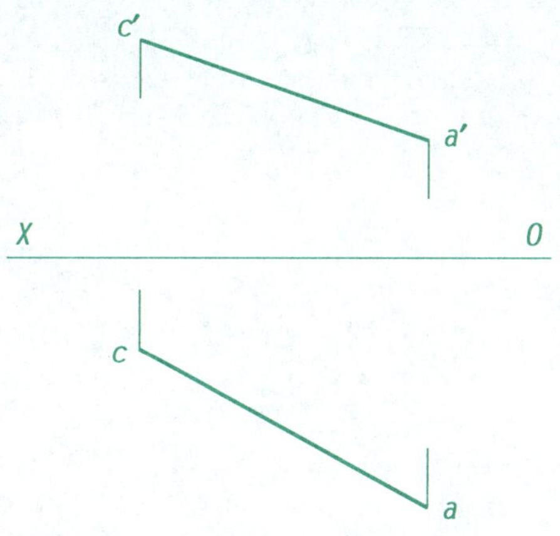


| 四 | 直线与平面、平面与平面(三) | 专业 | 班 | 姓名 | 学号 | 日期 | 评阅 | 成绩 |
|---|---|---|---|---|---|---|---|---|

5-1 用换面法求线段 *AB* 的实长及对投影面的夹角 $\alpha$、$\beta$。

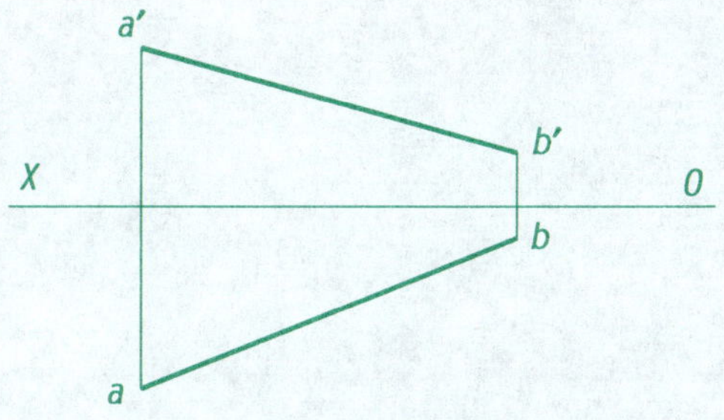


5-2 已知直线 *AB* 的实长为 30mm,求 $a'b'$。

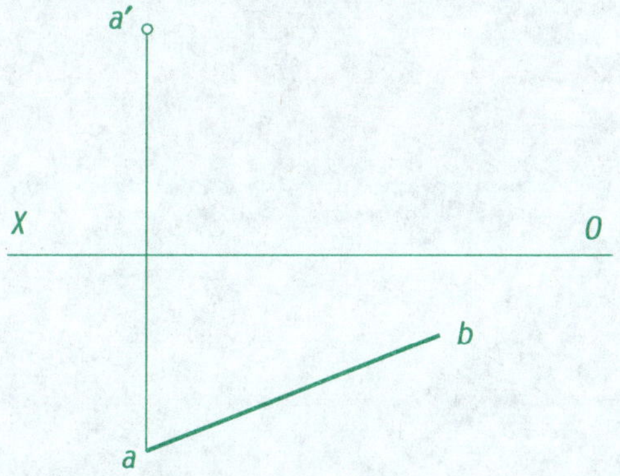


5-3 求 *C* 点到直线 *AB* 的距离。

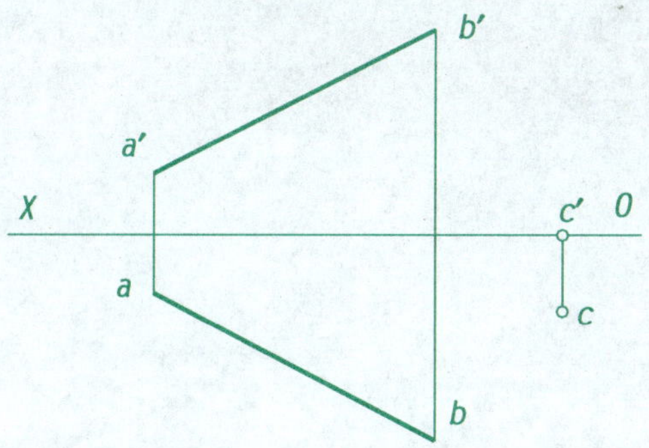


5-4 求两平行直线 *AB*、*CD* 之间的距离。

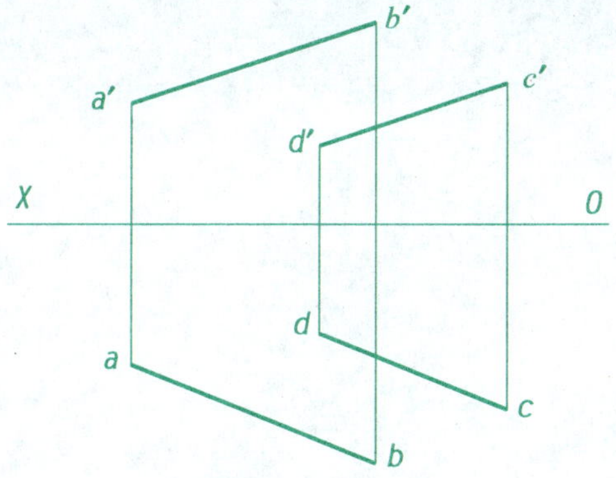


5-5 求平面△*ABC* 的实形。

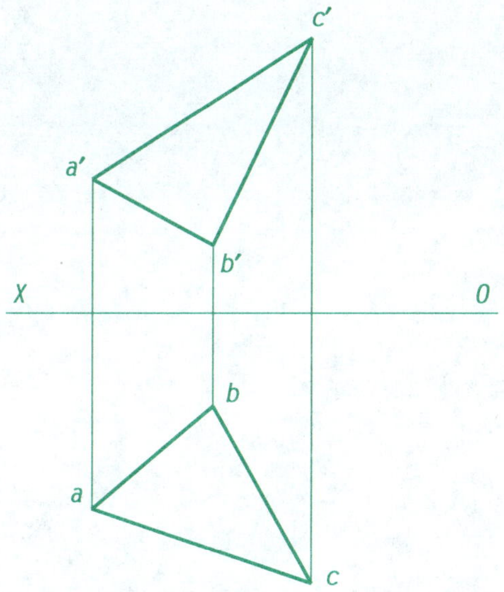


5-6 在△*ABC* 上作一直线 *MN*,使其距离 *AB* 为 15mm。

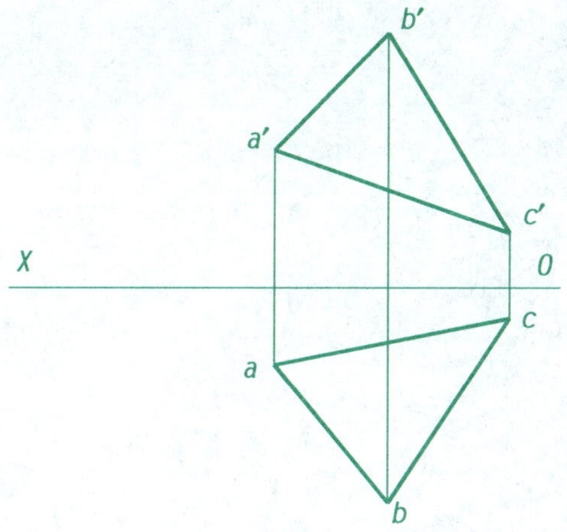

5-7 用换面法求△*ABC* 和△*BCD* 之间的夹角。

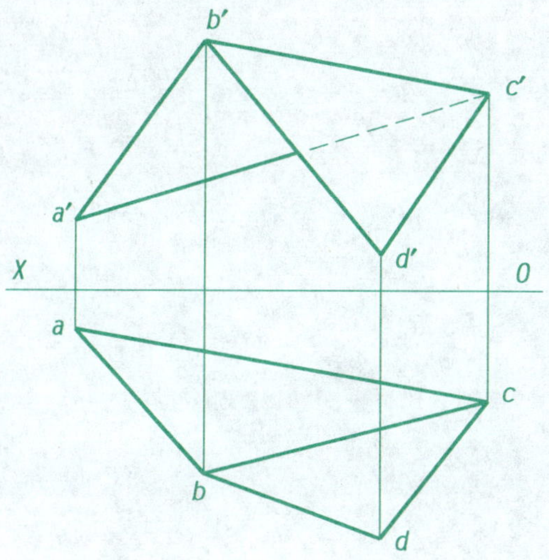


5-8 在直线 *AB* 上取一点 *E*,使其与 *C*、*D* 两点等距离。

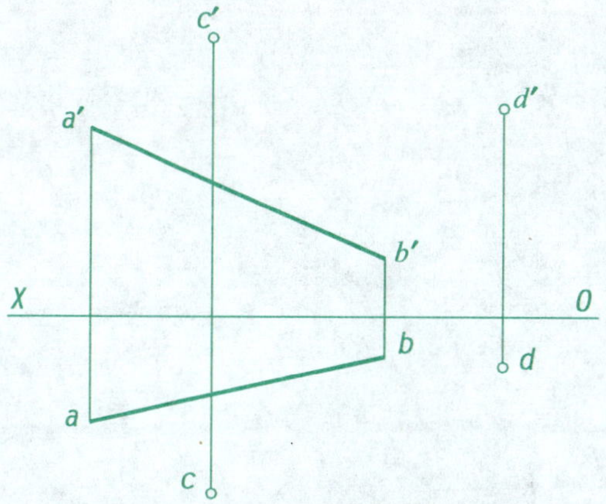


5-9 已知点 *D* 到平面 *ABC* 之间的距离为 15mm，求 *D* 的 *V* 面投影。

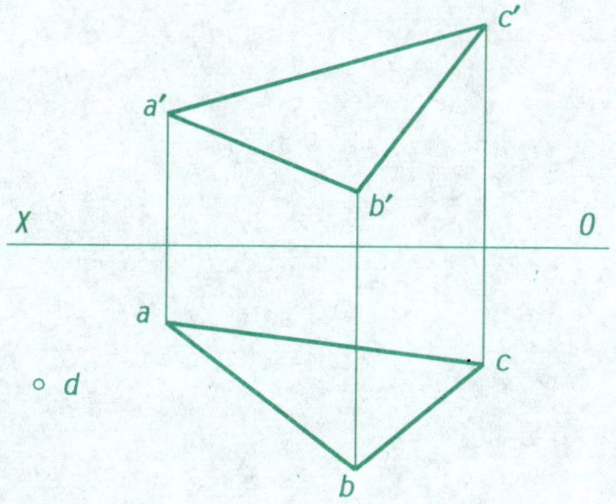


5-10 已知两平行线 *AB*、*CD* 之间的距离为 12mm,求 *CD* 的 *V* 面投影。

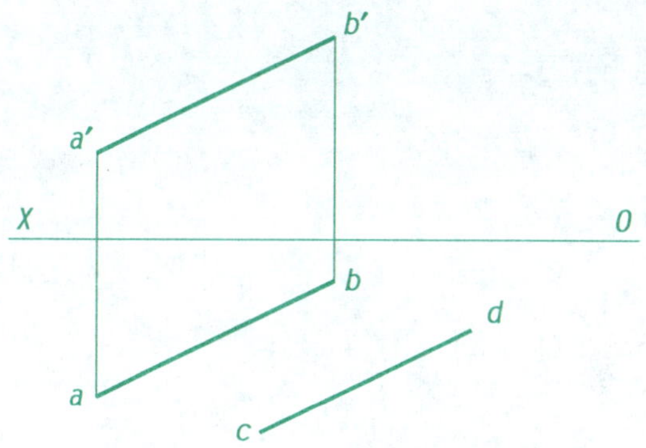


5-11 求两交叉直线 *AB*、*CD* 之间的距离。

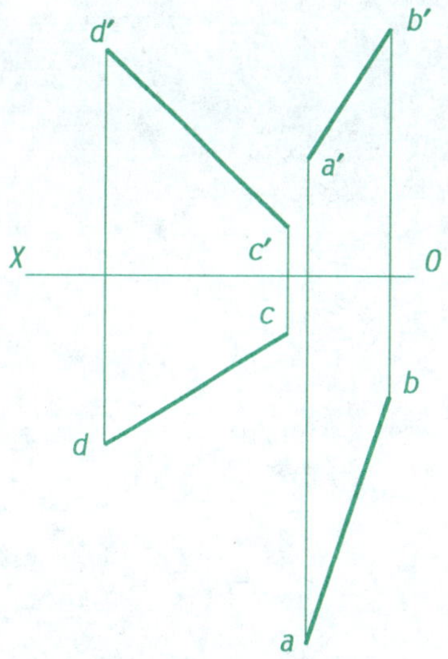


5-12 用换面法求直线 *AB* 与△*CDE* 的交点。

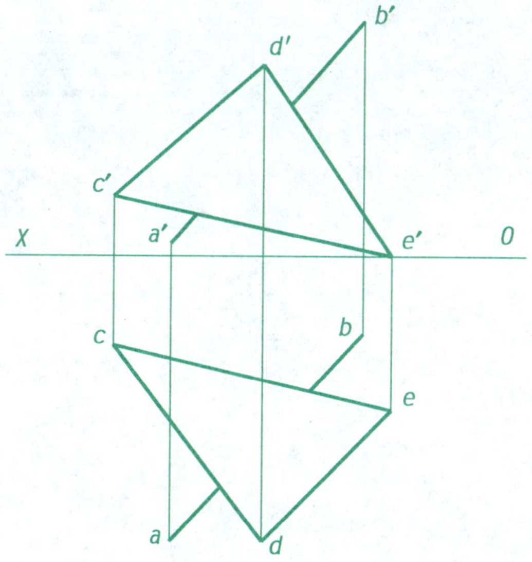

5-13 用换面法求△*ABC* 与△*DEF* 的交线。

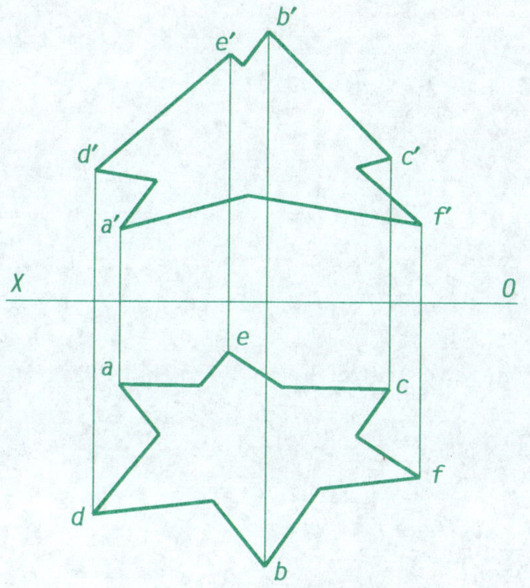


5-14 作等腰△*ABC* 的两面投影，已知 *AB* 为腰，底边 *BC* 在 *BM* 上。

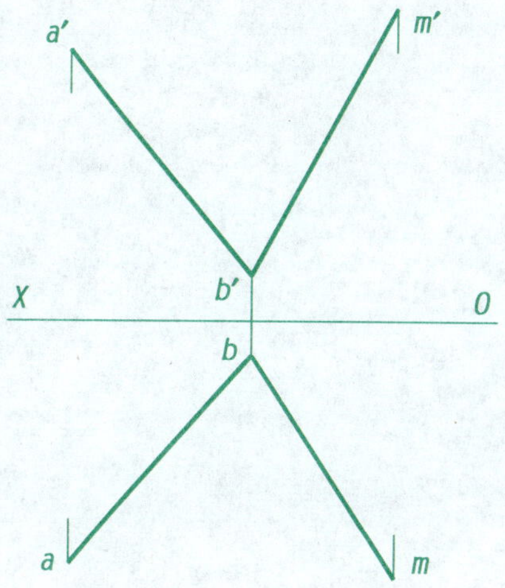


5-15 已知直线 *AB* 的实长为 40mm，用旋转法作出 *a′b′*。

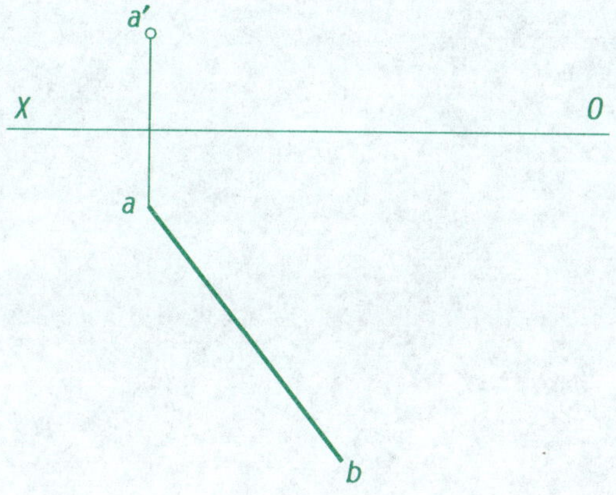


5-16 用旋转法作出△*ABC* 的实形。

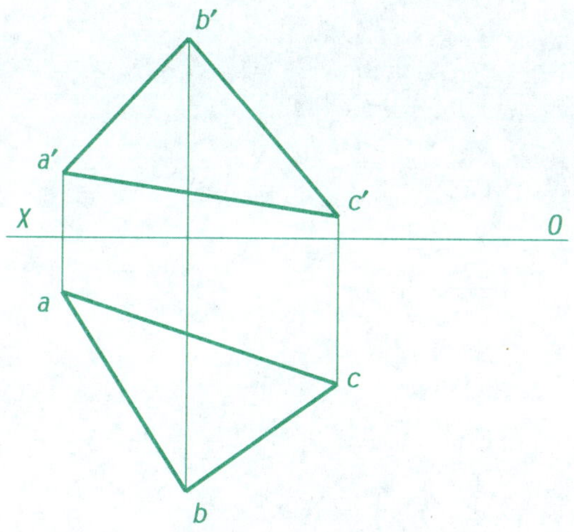


5-17 用旋转法求点 *K* 到直线 *AB* 的距离。

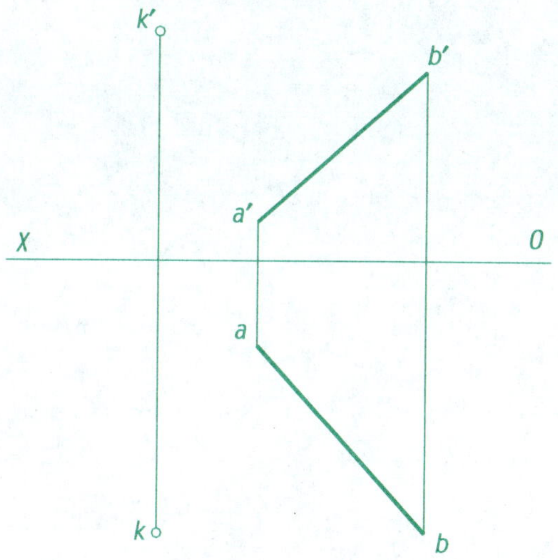


5-18 用绕水平轴旋转法求△*ABC* 的实形。

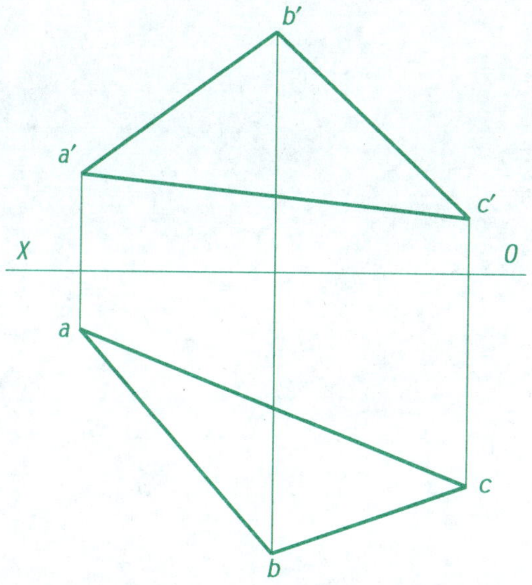


| 五 | 投影变换(三) | 专业 | 班 | 姓名 | 学号 | 日期 | 评阅 | 成绩 |
|---|---|---|---|---|---|---|---|---|

6-1 求作圆柱的 $H$ 面投影，并求其表面上点 $A$、$B$ 及线段 $CD$ 的其他投影。

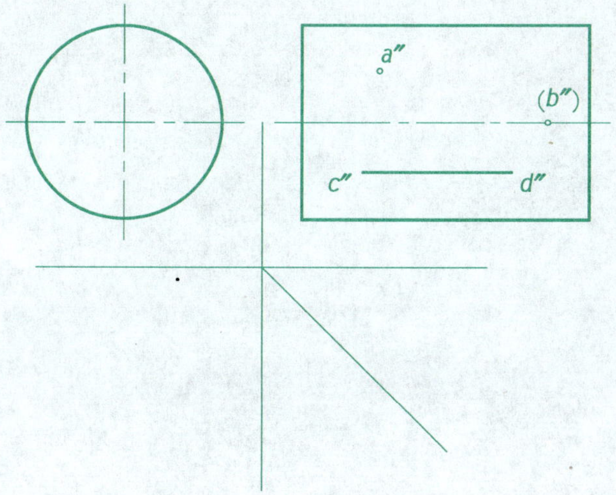


6-2 已知圆锥表面各点的一个投影，求圆锥的 $W$ 面投影及点的其他二投影。

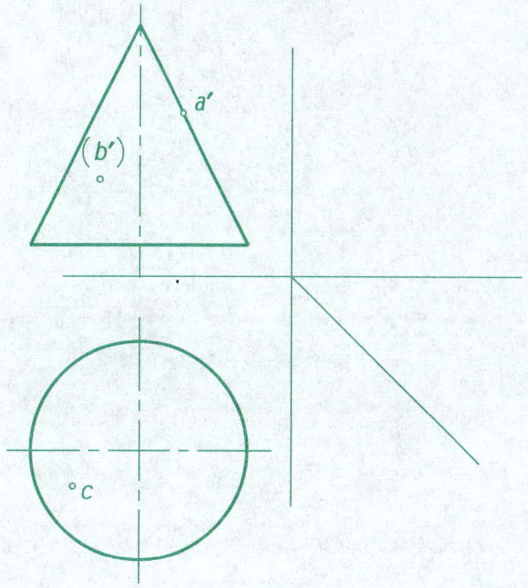


6-3 已知球面上点 $A$、$B$、$C$ 的 $a'$、$b'$ 和 $c''$ 投影，求各点的其余投影。

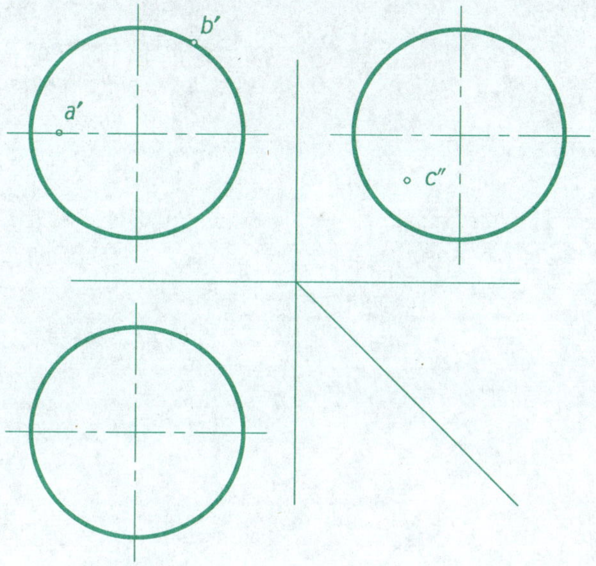


6-4 已知环面上各点的一个投影，求另一投影。

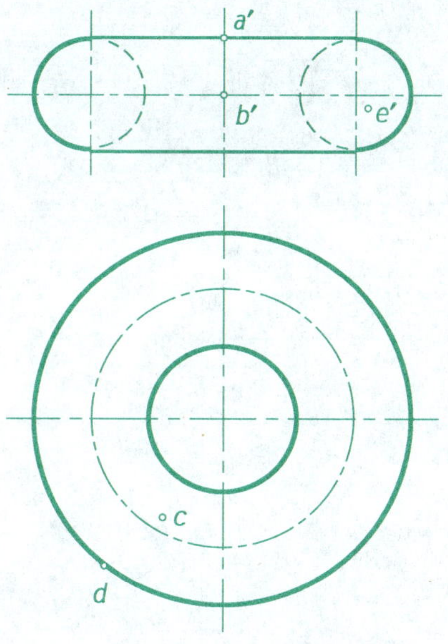


6-5 已知斜圆柱面上直线 $AB$ 的 $V$ 面投影，求其另一投影。

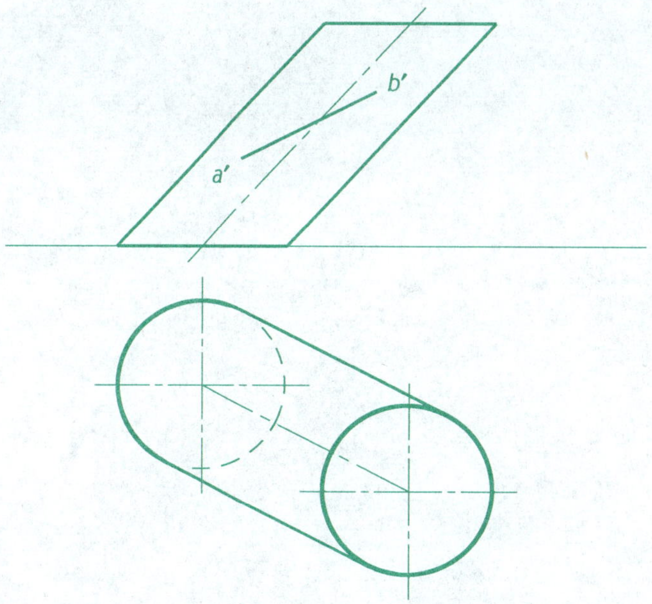


6-6 已知斜圆锥表面上直线 $AB$ 的 $V$ 面投影，求其另一投影。

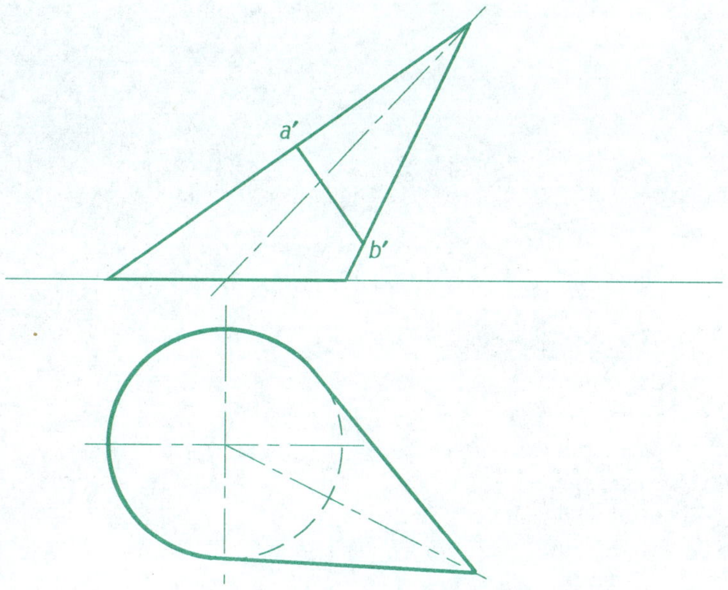

6-7 已知圆柱轴线平行 *V* 面和圆柱表面上 *A*、*B*、*C* 点的 *V* 面投影，试完成其 *H*、*W* 面投影。

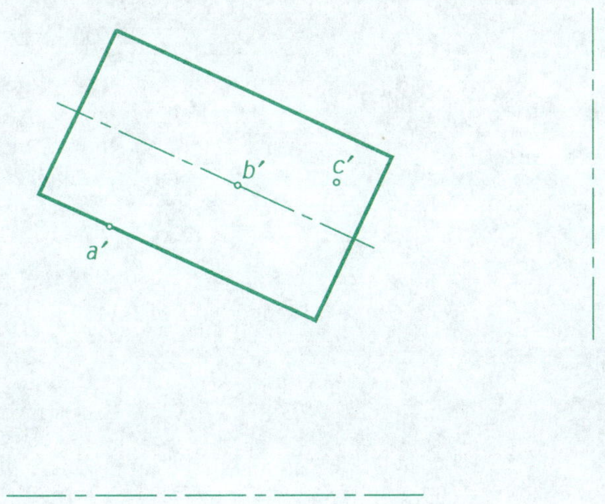


6-8 已知直母线 *AB* 和轴线 *O*–*O* 的投影，求作单叶双曲回转面的投影。

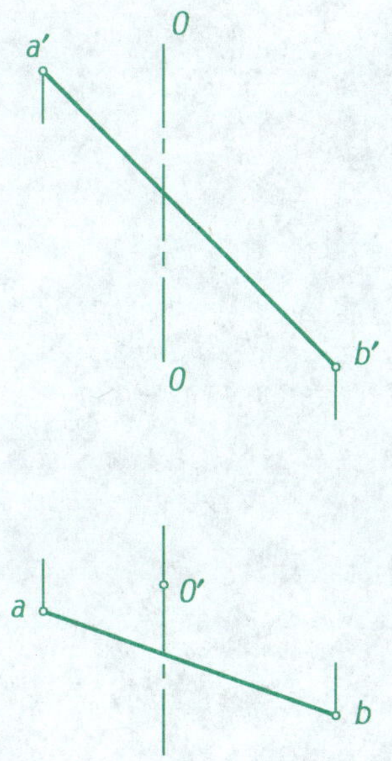


6-9 作出以直线 *AB*、*CD* 为导线，平面 *P* 为导平面的双曲抛物面的投影。

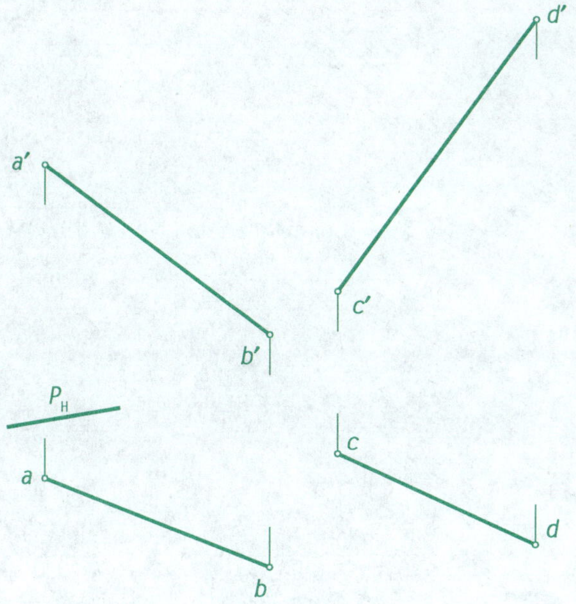


6-10 以直线 *AB*、圆弧 *CD* 为导线，*W* 面为导面，求作锥状面，并补出锥状面的 *W* 面投影。

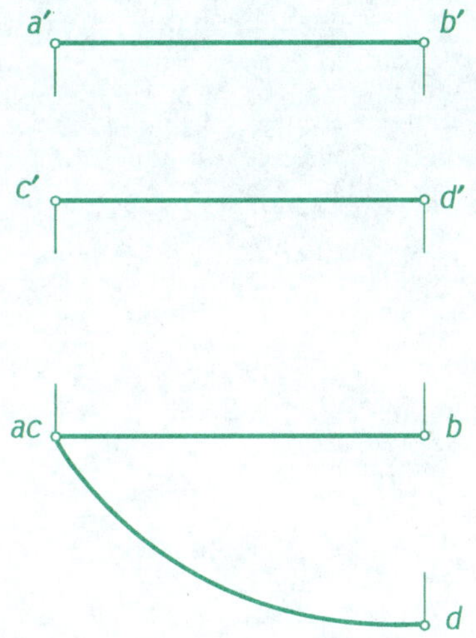


6-11 以曲面 *AB*、*CD* 为导线，平面 *P* 为导面，求作柱状面的投影图。

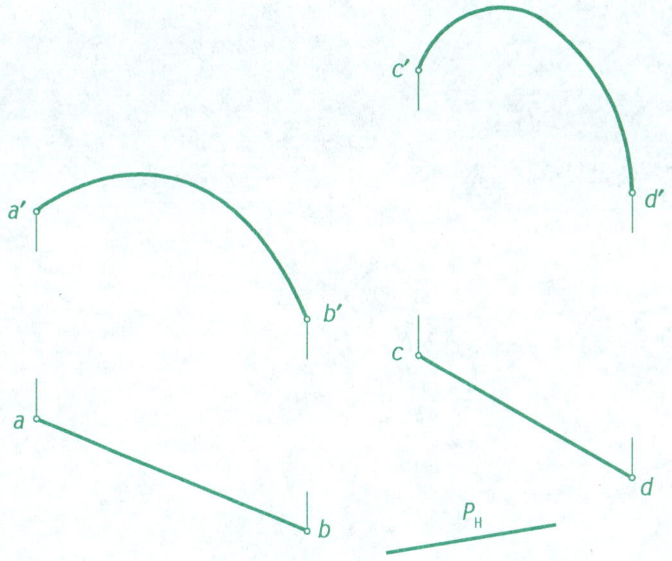


6-12 完成渠道中扭面翼墙的投影，并画出素线。

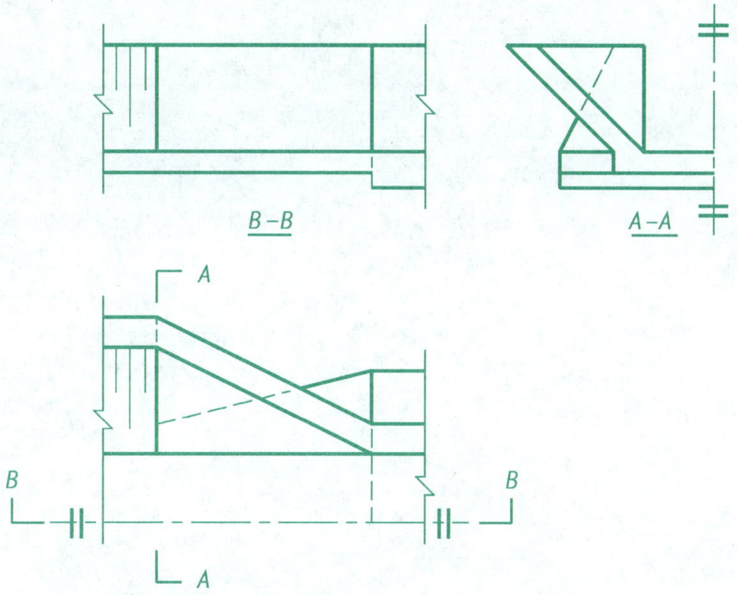

6-13 求出扭面上图形 *ABCD* 的 *H*、*W* 面投影。

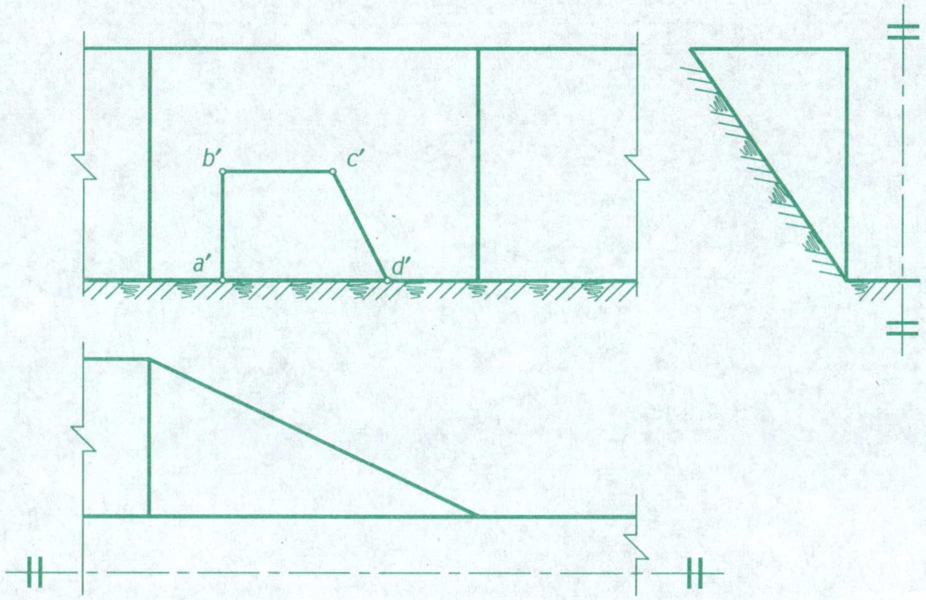


6-14 已知导圆柱及导程 *S*,求作右向螺旋线(不可见部分画虚线)。

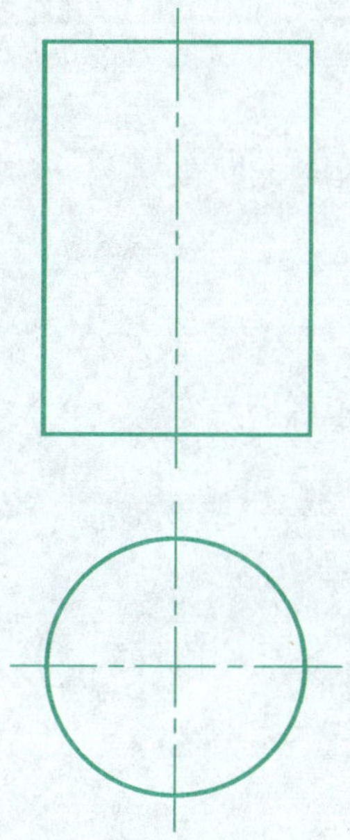

6-17 作出螺旋楼梯的 *V* 面投影。

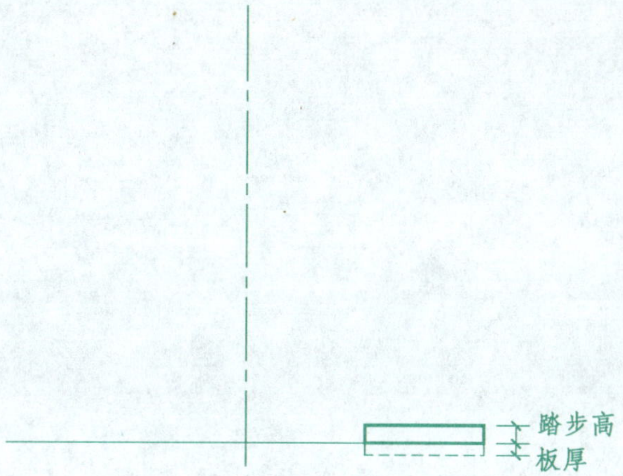


6-15 已知曲导线为右向螺旋线,直径为 *D*,导程为 *S*, 求作双点划线大圆柱范围内的平螺旋面,并判别可见性。

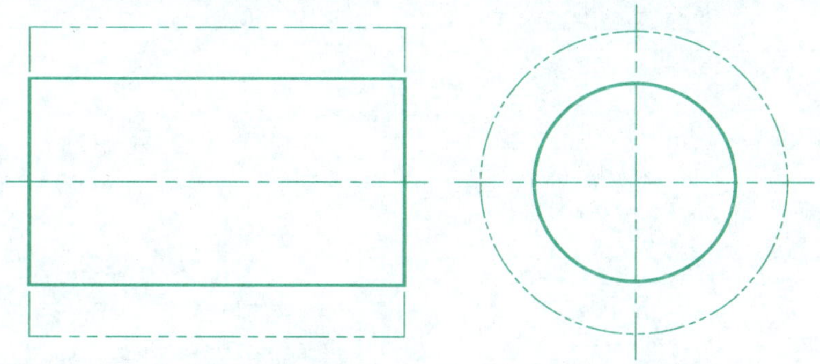

6-16 已知楼梯扶手弯头截面的 *V* 面投影和弯头的 *H* 面投影, 补绘由平螺旋面组成的楼梯扶手弯头的 *V* 面投影。

7-1 补全四棱锥及其表面上点的三面投影。

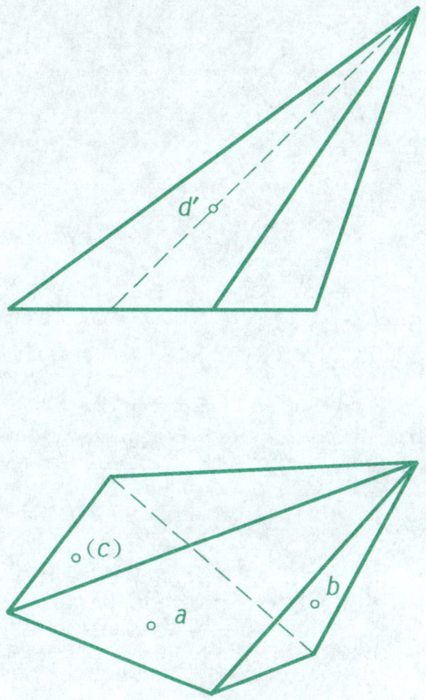


7-2 补全三棱锥及其表面上点、线的三面投影。

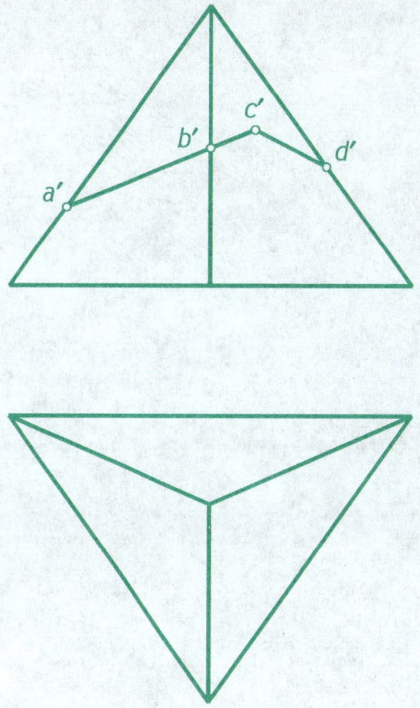


7-3 作出 P 平面与棱柱表面交线的三面投影。

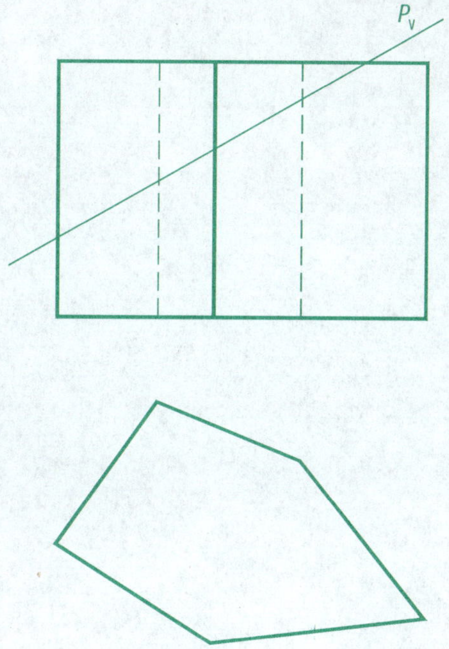


7-4 求平面 P 截割四棱台后的投影，并求断面实形。

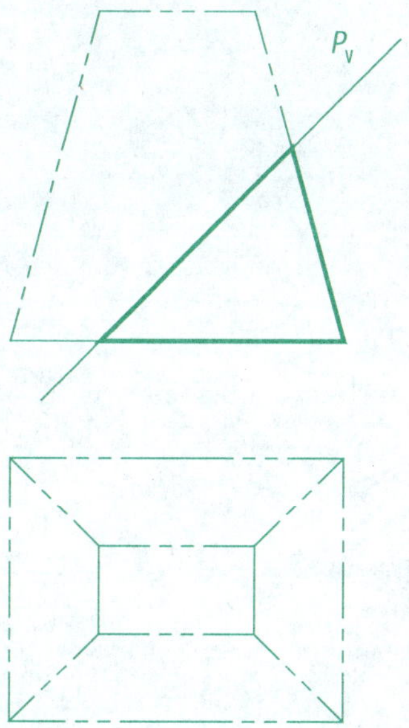


7-5 补全切口三棱锥的三面投影图。

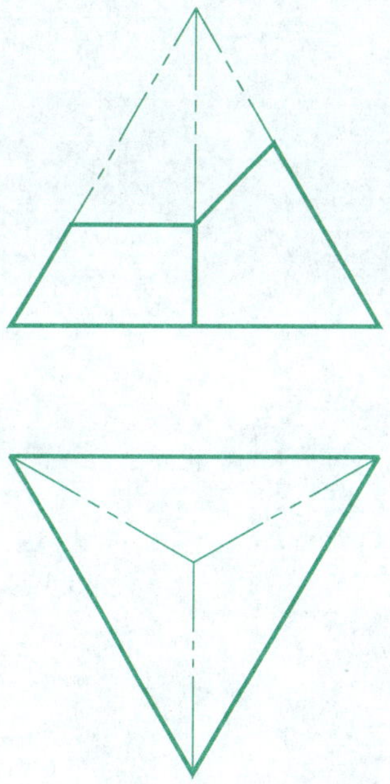

7-6 补全带切口四棱台的投影。

| 七 | 立 体(一) | 专业 | 班 | 姓名 | 学号 | 日期 | 评阅 | 成绩 |
|---|---|---|---|---|---|---|---|---|

7-7 求圆柱榫头的三面投影。

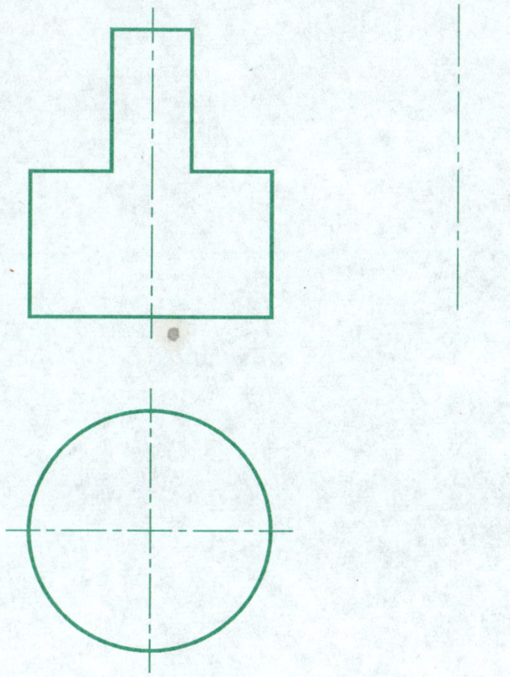

7-8 补全切口圆柱的三面投影。

7-9 求作圆锥被截割后的 *H*、*W* 面投影。

7-10 求作圆锥被截割后的 *H*、*W* 面投影。

7-11 求作具有切口圆球的三面投影。

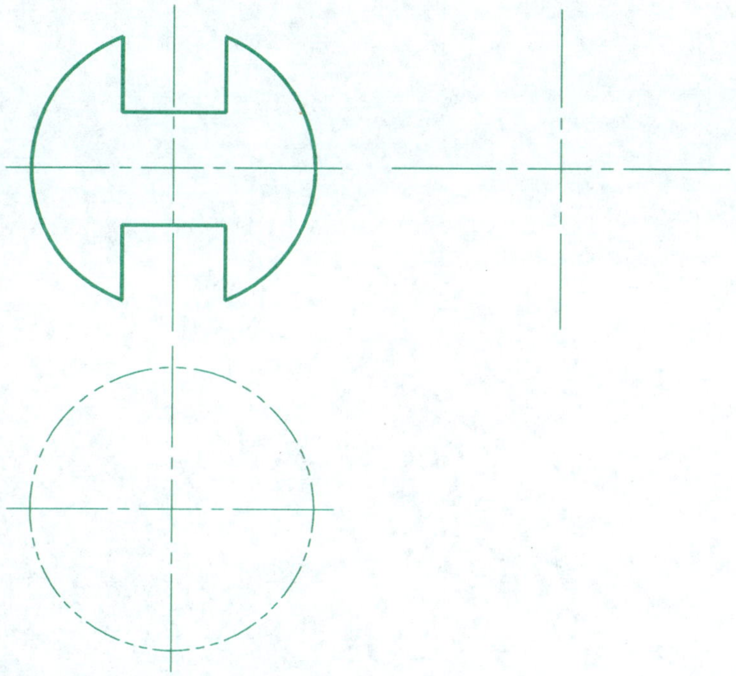

7-12 求作回转体被截切后的 *V*、*W* 面投影。

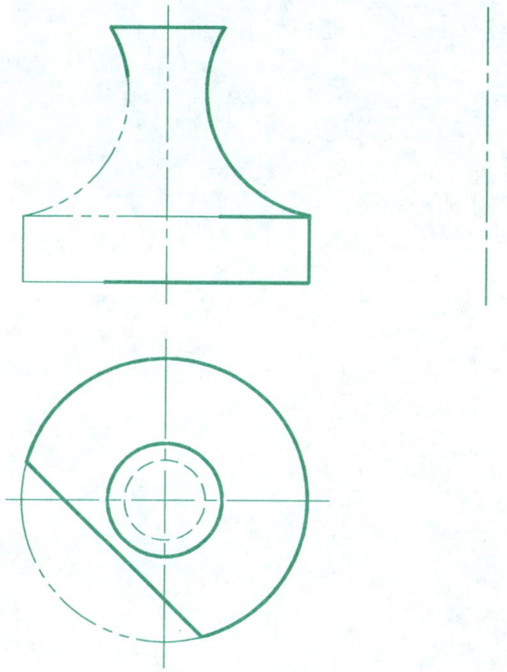

7-13 求作直线 *AB*、*CD* 与立体表面的交点。

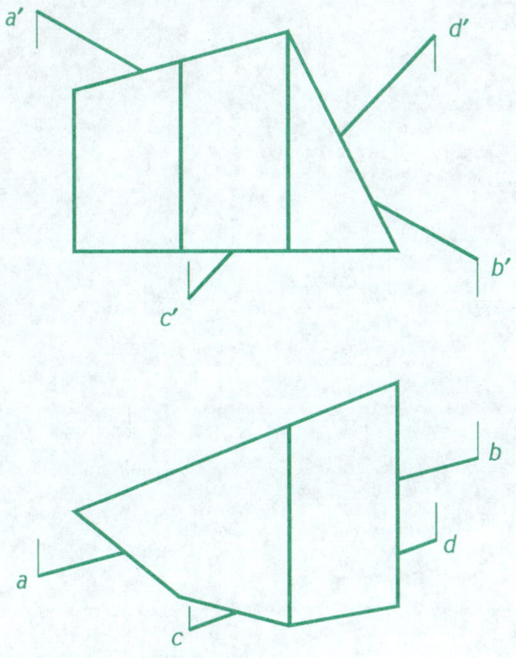


7-14 求作直线与三棱柱表面的交点。

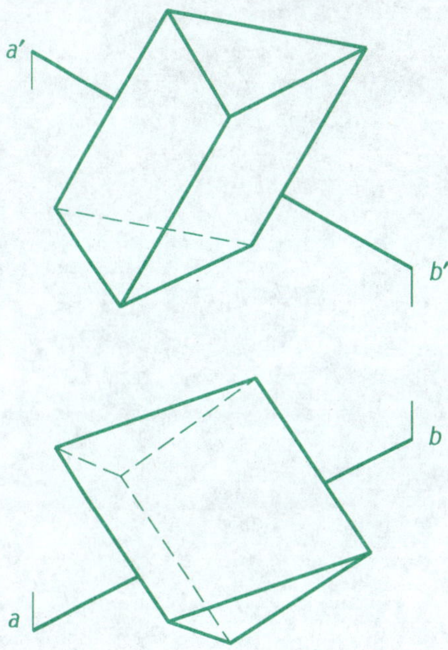


7-15 求作直线 *AB* 与圆锥表面的贯穿点。

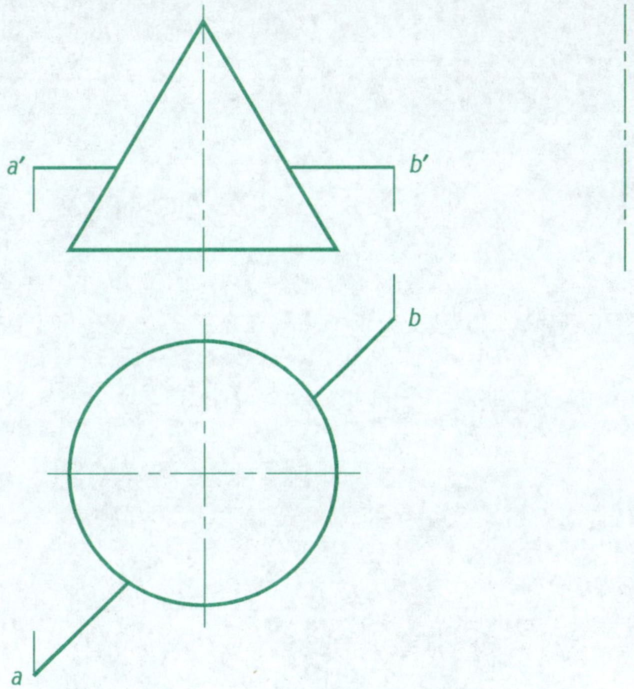


7-16 求作直线 *AB* 与球面的交点。

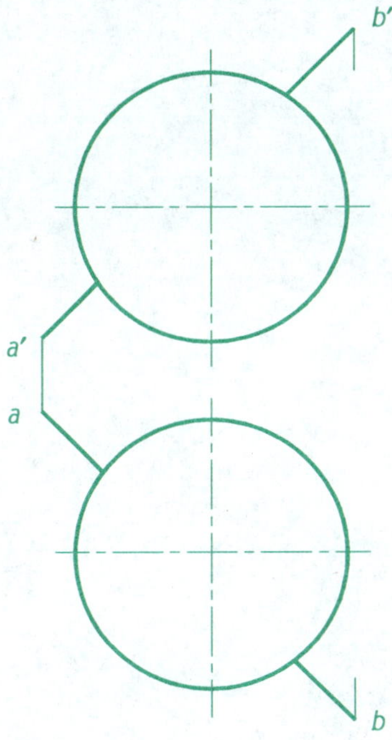


7-17 求作直线 *AB* 与斜圆锥面的交点。

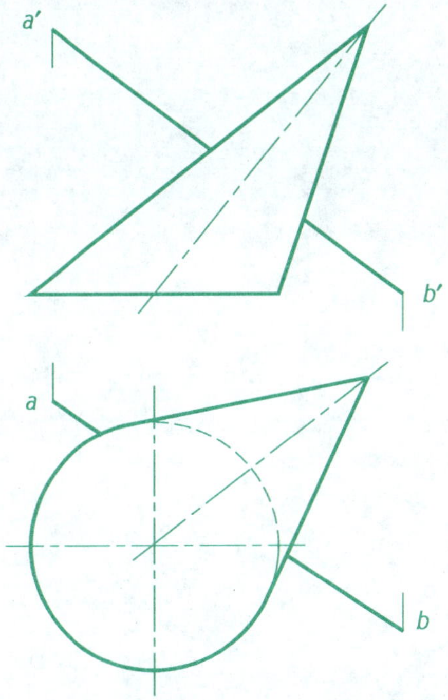


7-18 求作直线 *AB* 与斜圆柱面的交点。

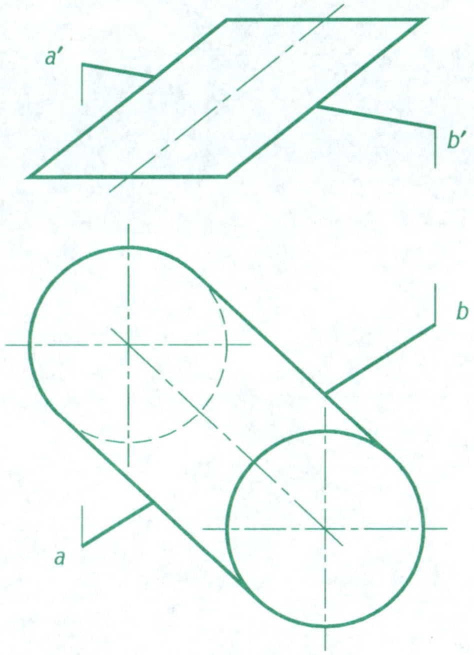

7-19 求作四棱锥与三棱柱的交线。

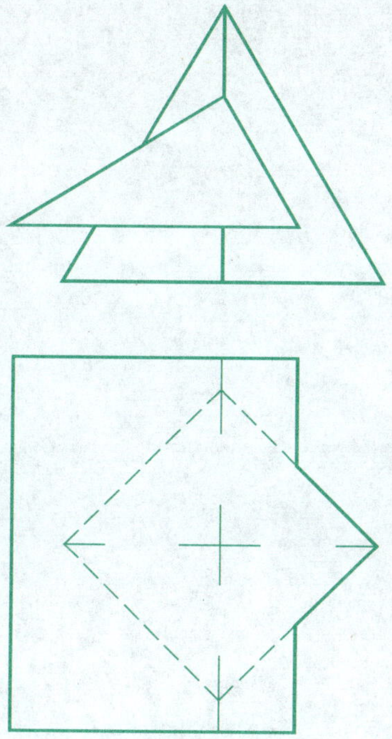

7-20 求作四棱锥与四棱柱的交线。

7-21 求作三棱锥与三棱柱交线。

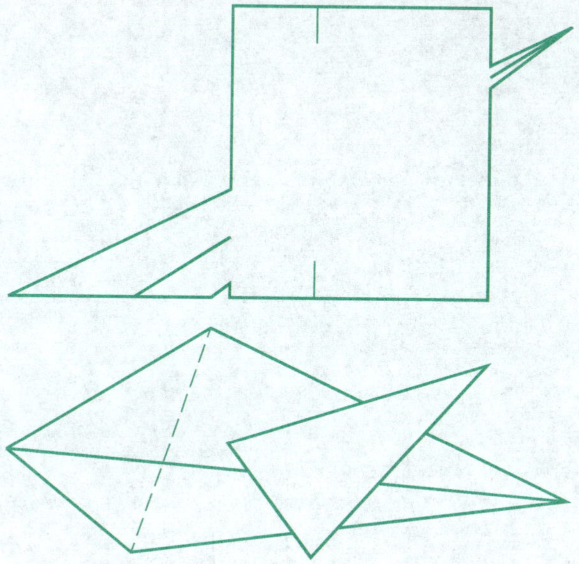

7-22 已知同坡屋面的倾角 $\alpha$=30°，求作同坡屋面的三面投影。

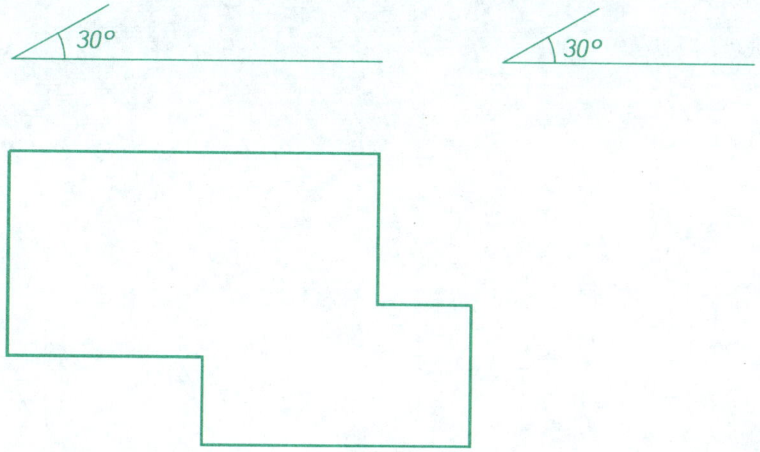


7-23 已知同坡屋面的倾角 $\alpha$=30°，求作同坡屋面的两面投影。

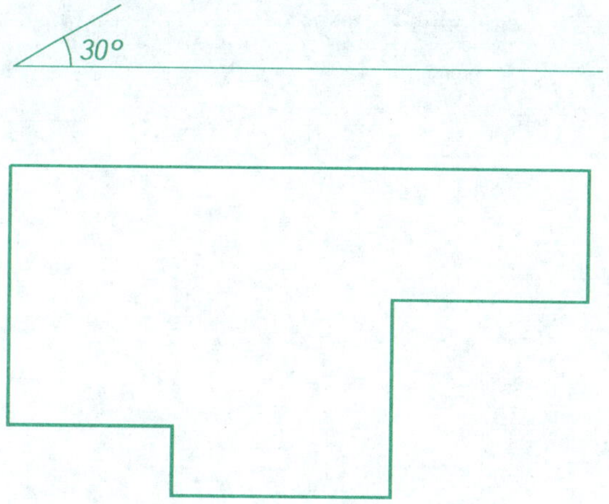


7-24 求作三棱柱与五棱柱的交线。

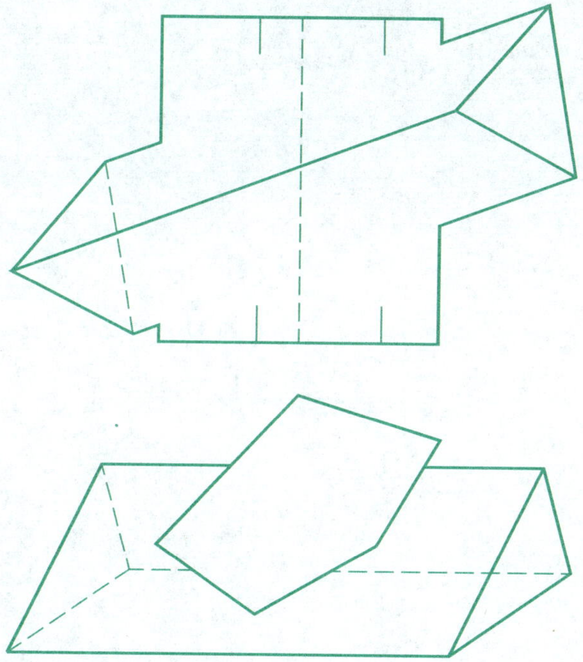

7-25 求作相贯四棱柱与圆锥的三面投影。

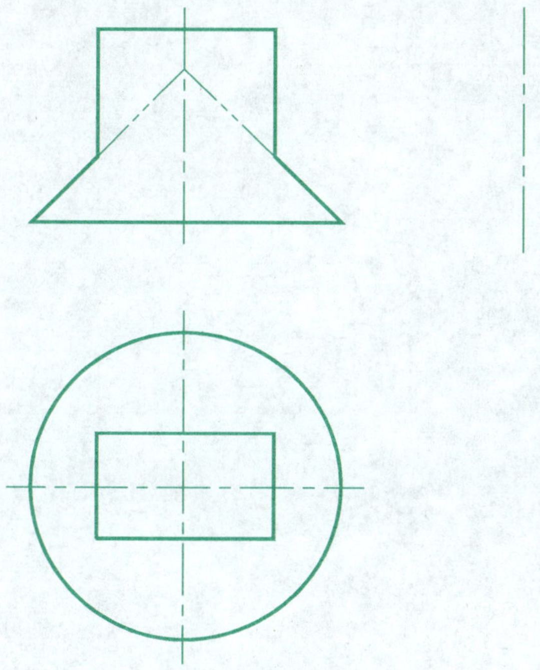

7-26 求作半圆柱与三棱柱的相贯线。

7-27 求作相贯三棱柱与圆锥的三面投影。

7-28 求作带孔圆柱体的 *W* 面投影。

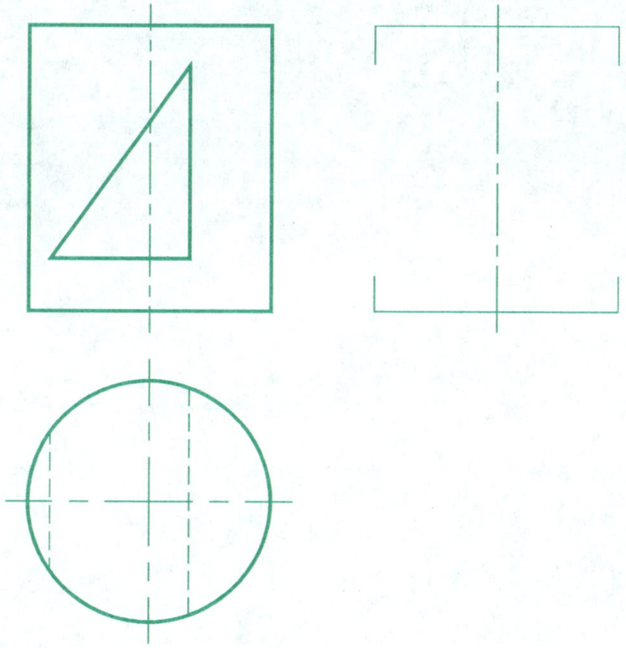

7-29 求作五棱柱与 1/4 圆柱的相交线。

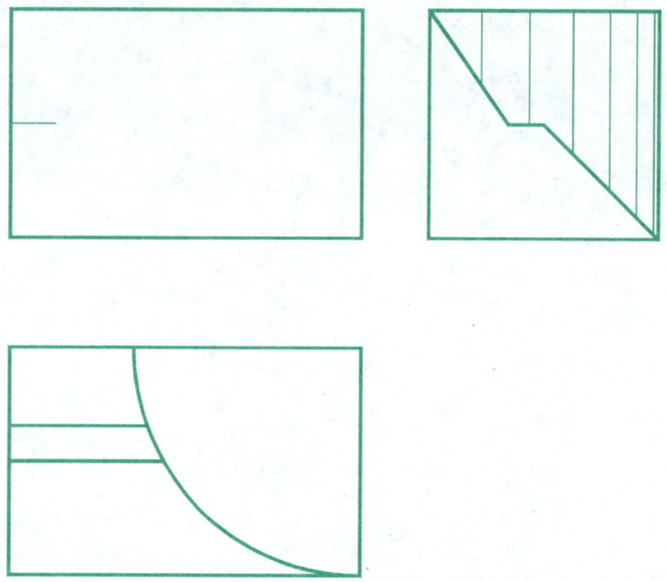

7-30 求作三棱柱与球面的相交线。

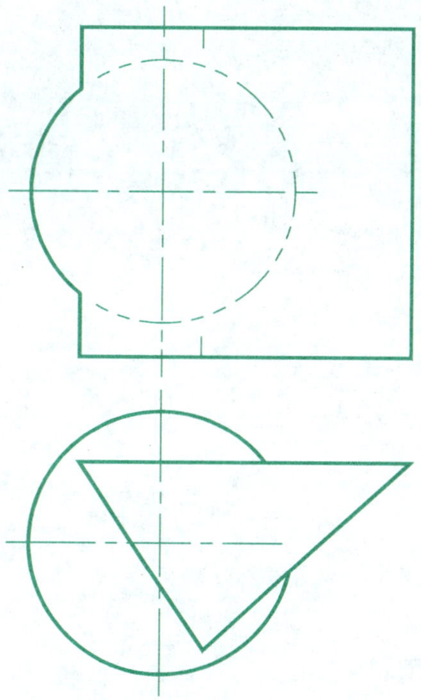

7-31 求作两圆柱的相贯线。

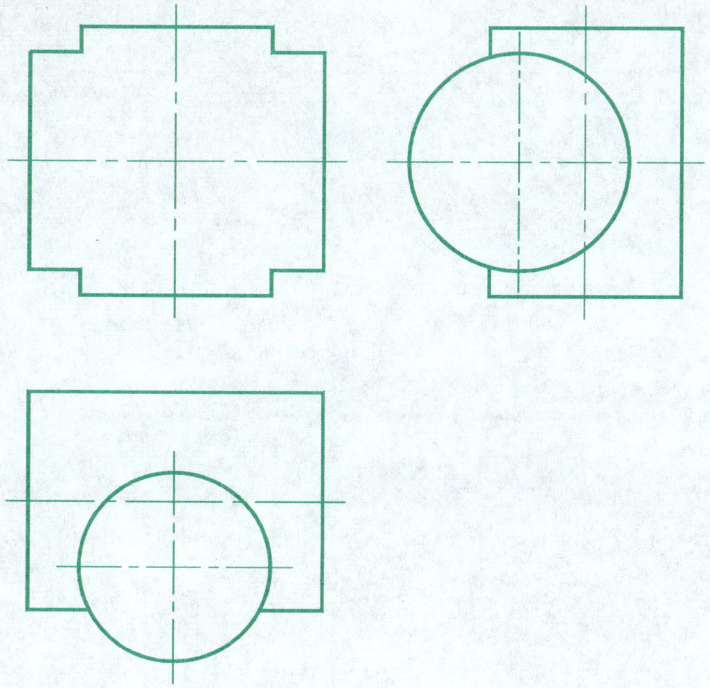

7-32 求作半球和圆柱的相贯线。

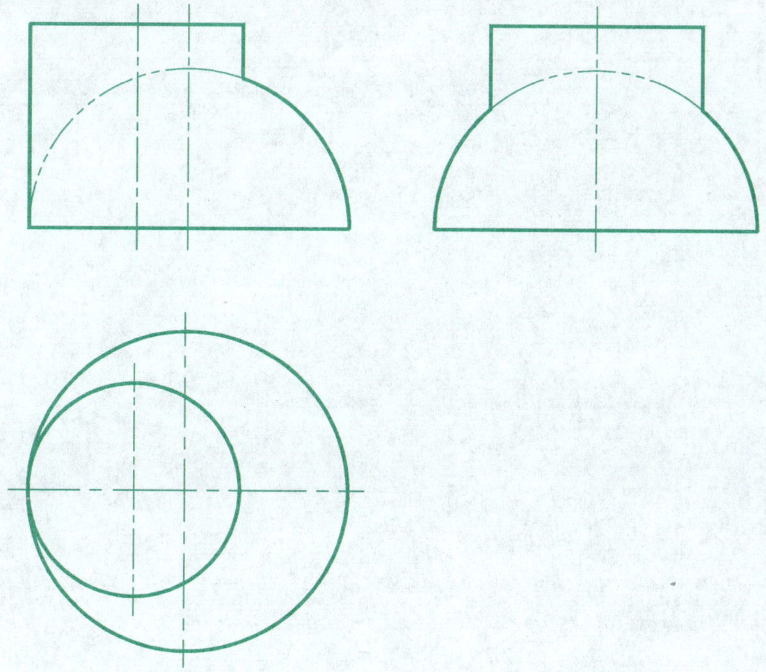

7-33 求作圆锥体与球的相贯线。

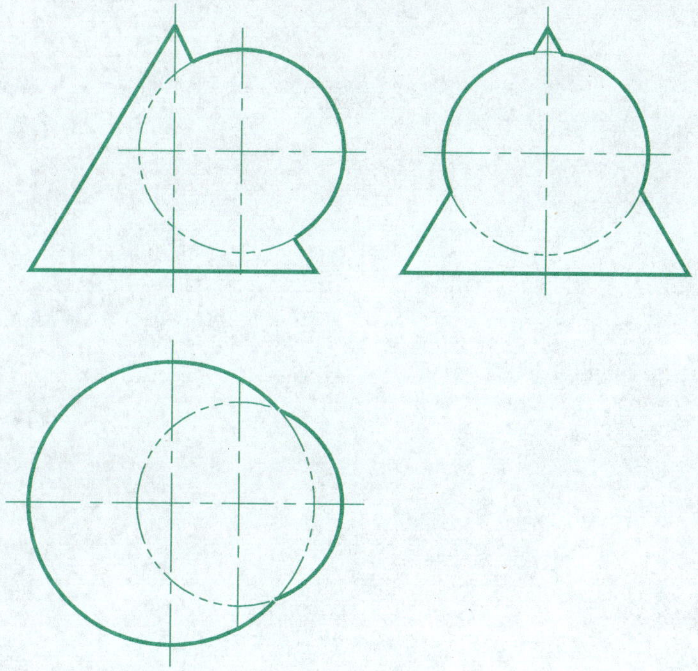

7-34 求作两曲面立体的相贯线。

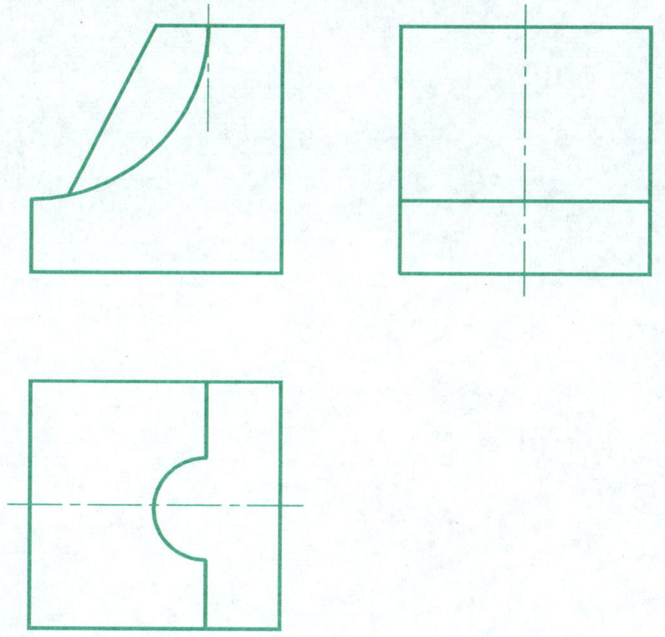

7-35 求作溢流坝和闸墩表面交线。

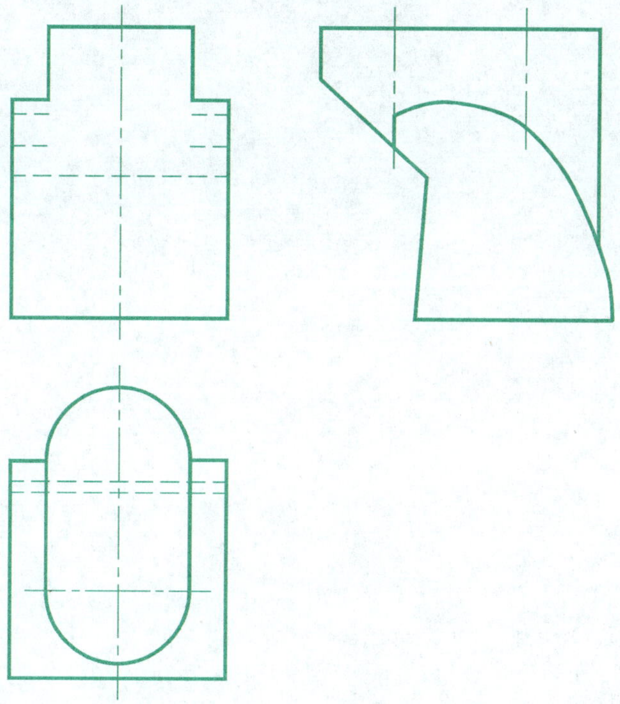

7-36 求作两圆锥台的相贯线。

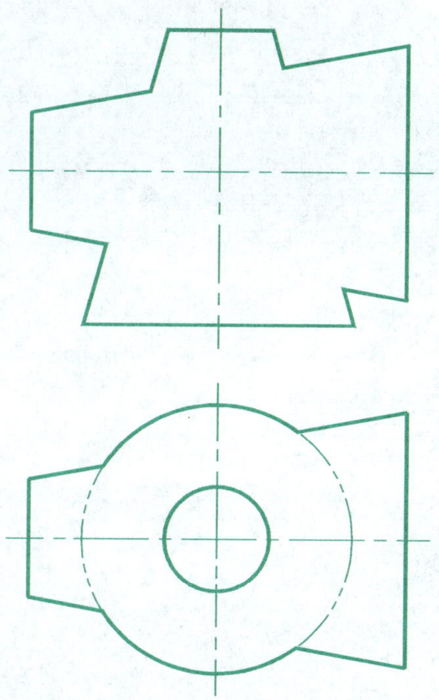

| 七 | 立　体(六) | 专业 | 班 | 姓名 | 学号 | 日期 | 评阅 | 成绩 |
|---|---|---|---|---|---|---|---|---|

8-1 在指定的位置画出 1-1 剖面图。

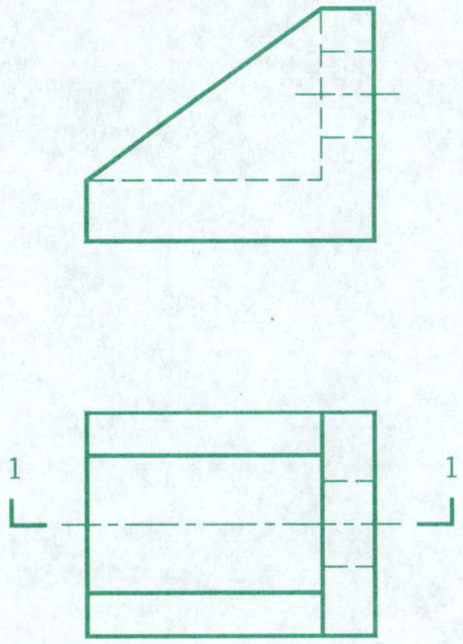


1-1

8-2 补绘立体 *W* 面投影，并将 *V* 投影改作合适剖面图。

8-3 画出桥台的 1-1 剖面图。

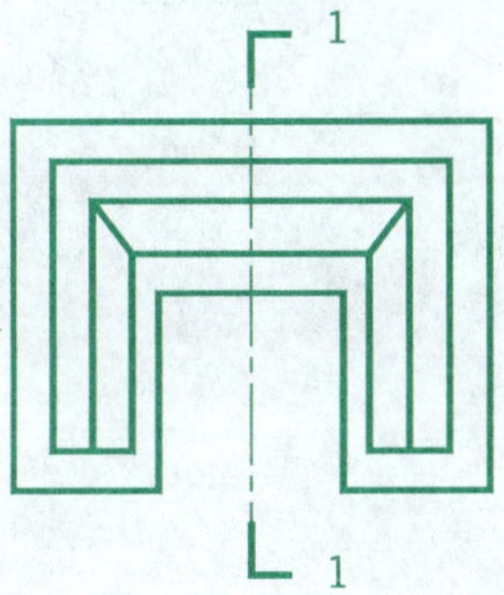


1-1

8-4 作出外墙的 2-2 剖面图 （雨篷的材料为钢筋混凝土，宽度与台阶的前边对齐）。

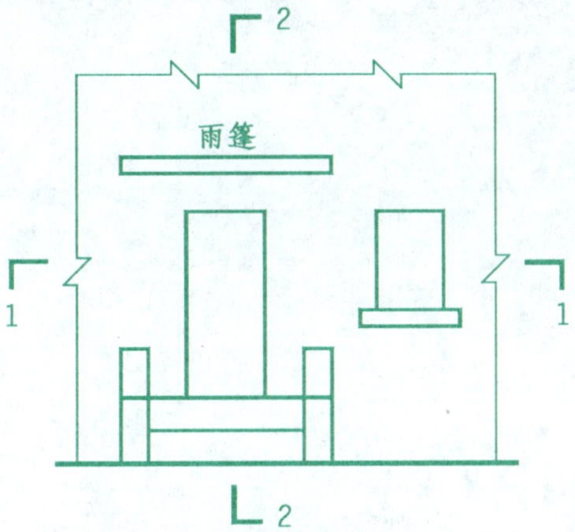


正立面

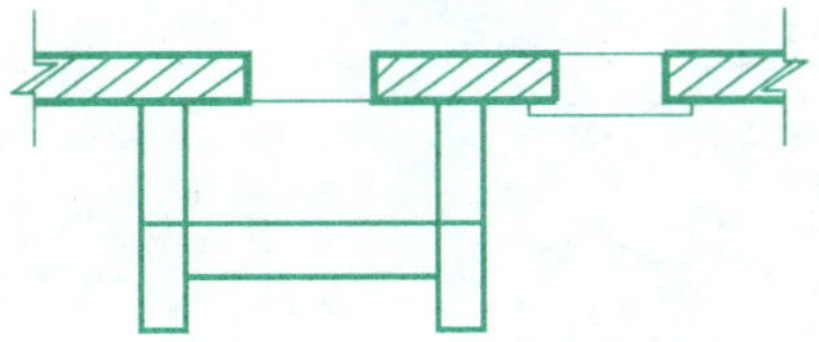

1-1

2-2

8-5 补绘立体的 *W* 面投影，并将 *V*、*W* 投影改作半剖面，应注明剖切符号和位置。

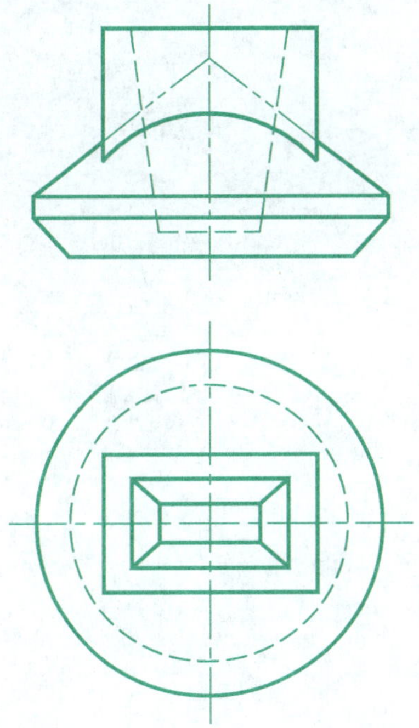

8-6 补绘立体的 *W* 面投影，并将 *V*、*W* 投影改作合适剖面，应注明剖切符号和位置。

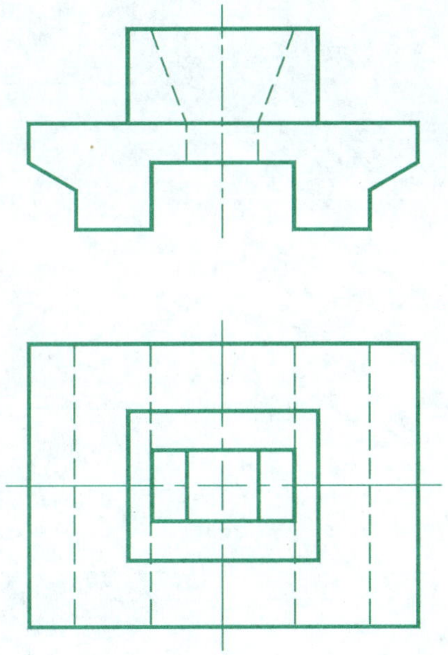

| 八 | 剖面图和断面图(一) | 专业 | 班 | 姓名 | 学号 | 日期 | 评阅 | 成绩 |
|---|---|---|---|---|---|---|---|---|

8-7 求作吊装夹具的局部剖面图。

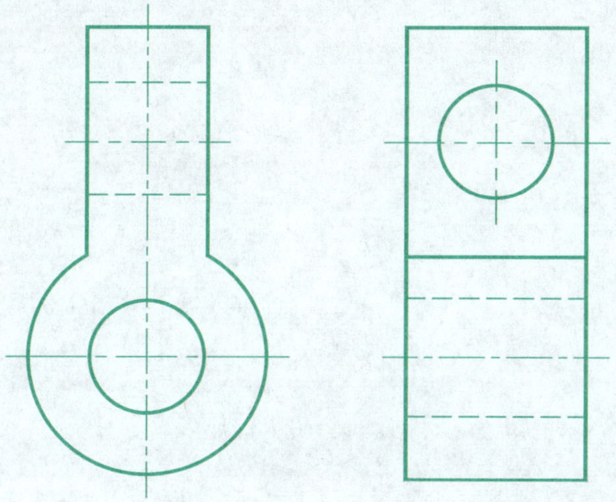

8-8 将立体的 $V$ 面投影图改为阶梯剖面图。

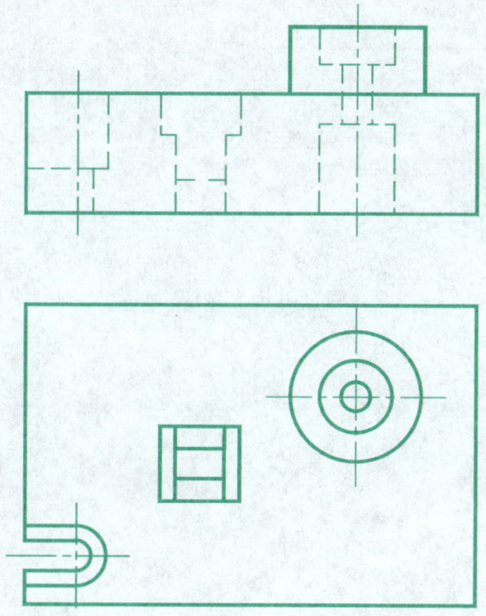

8-9 将立体的 $V$ 面投影图改为旋转剖面图。

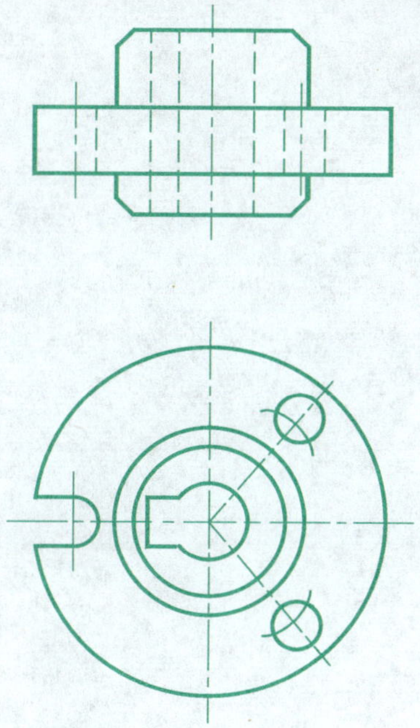

8-10 将立体立面图改画成合适的剖面图。

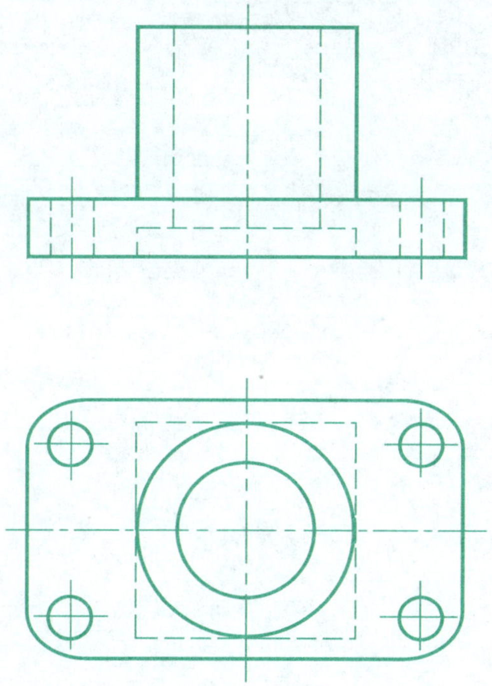

8-11 把集水池的立面图改为 1-1 阶梯剖面图。

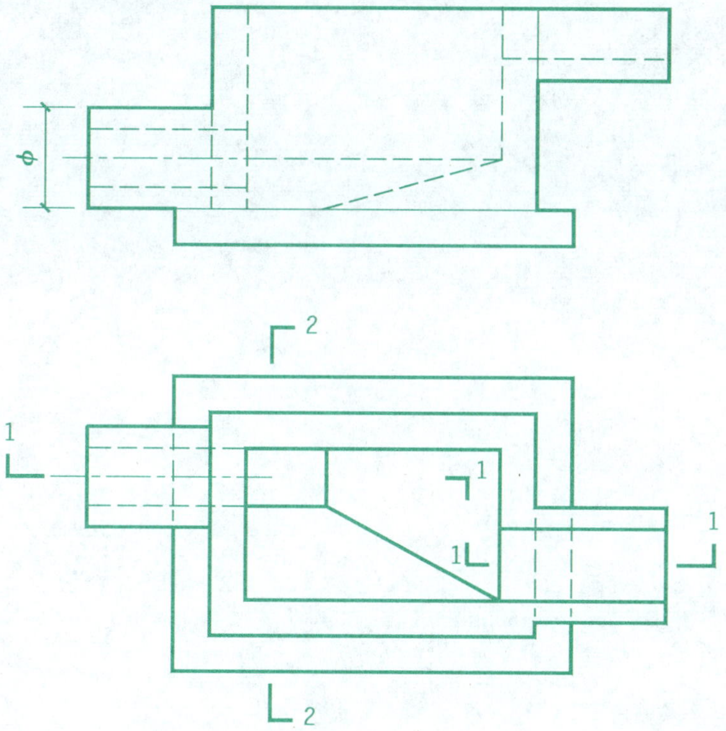

2-2

8-12 按图 a)的移出断面，分别在图 b)中画出中断断面和在图 c)中画出重合断面。

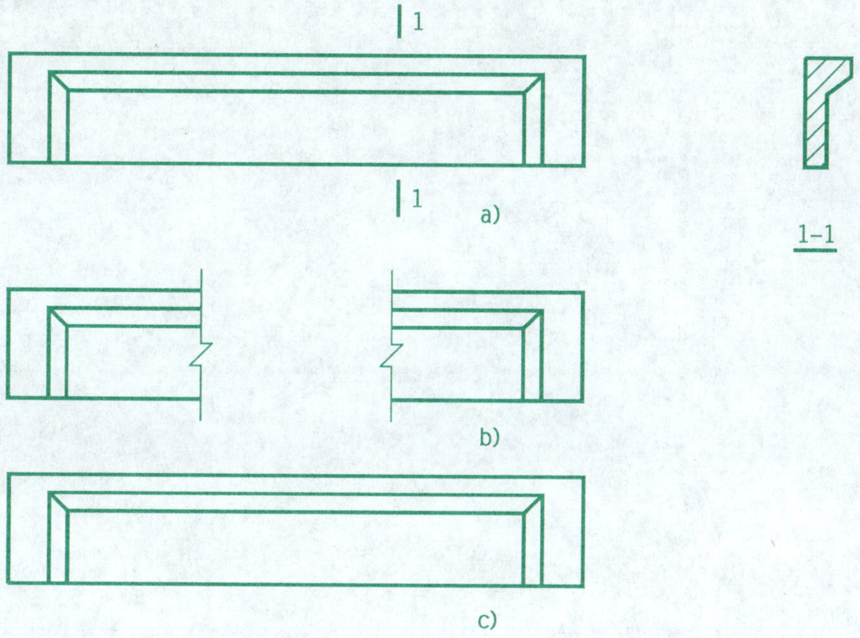


8-13 画出 1-1 断面图、2-2 剖面图。

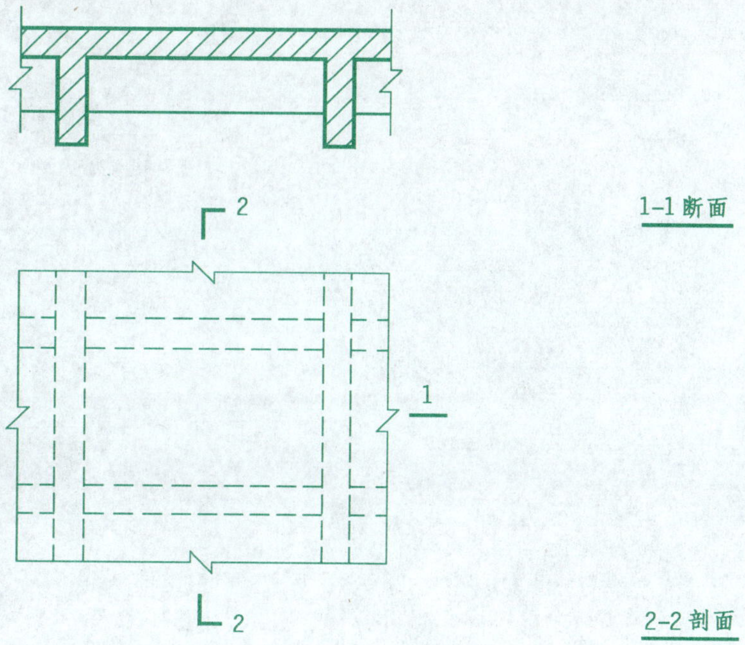


8-14 画出 1-1、2-2 断面图。

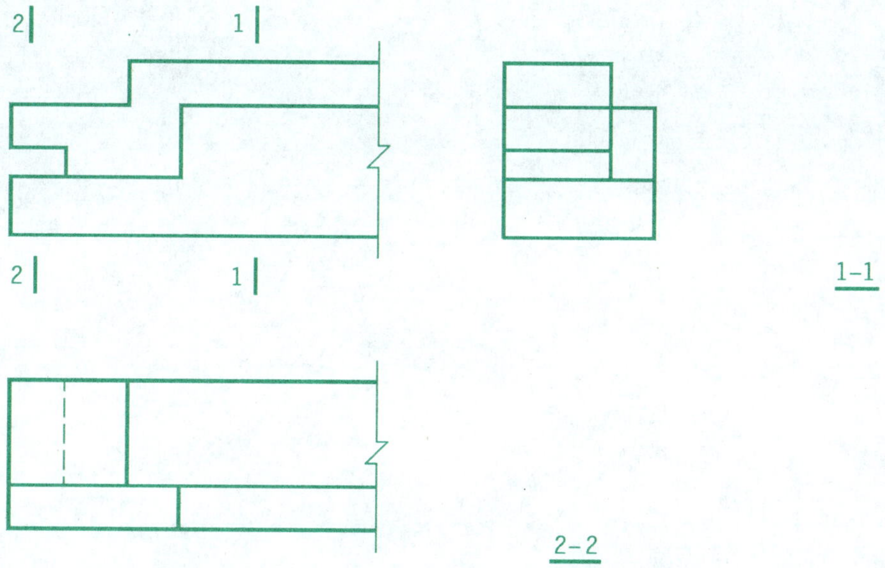


8-15 已知形体投影和 1-1 断面，画出 2-2 剖面图。

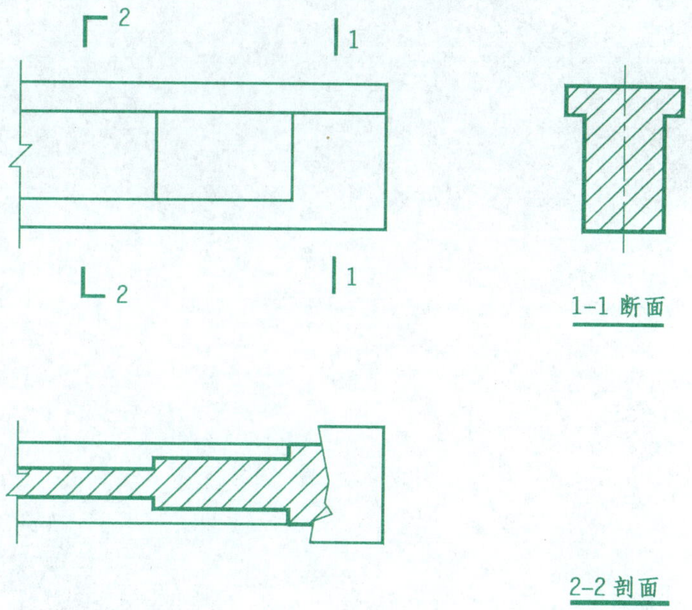


| | | | | | | | | |
|---|---|---|---|---|---|---|---|---|
| 八 | 剖面图和断面图(三) | 专业 | 班 | 姓名 | 学号 | 日期 | 评阅 | 成绩 |

8-16 绘出柱子的 1-1、2-2、3-3、4-4 断面图。

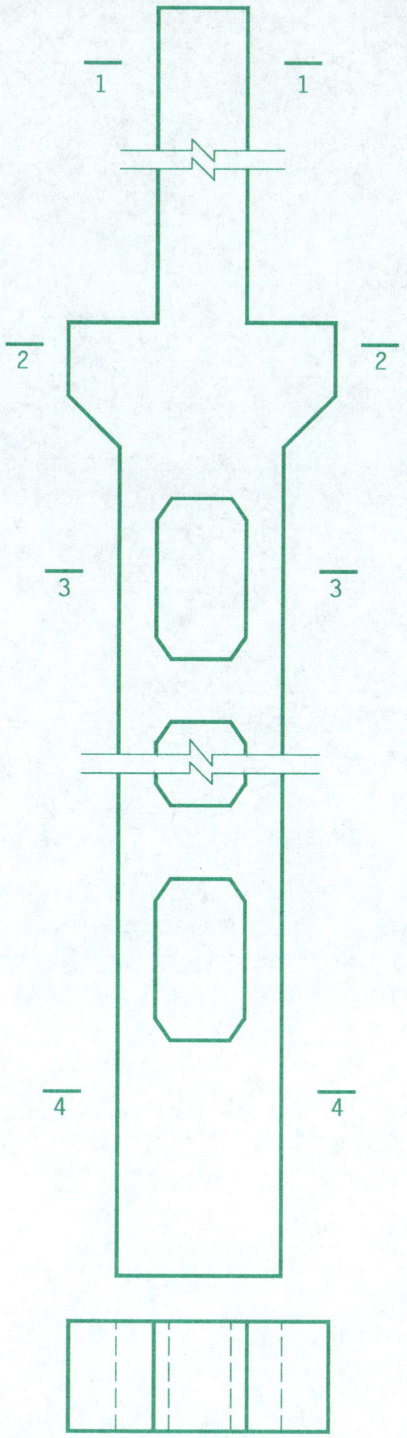


8-17 画出渠道的 4-4 剖面图。

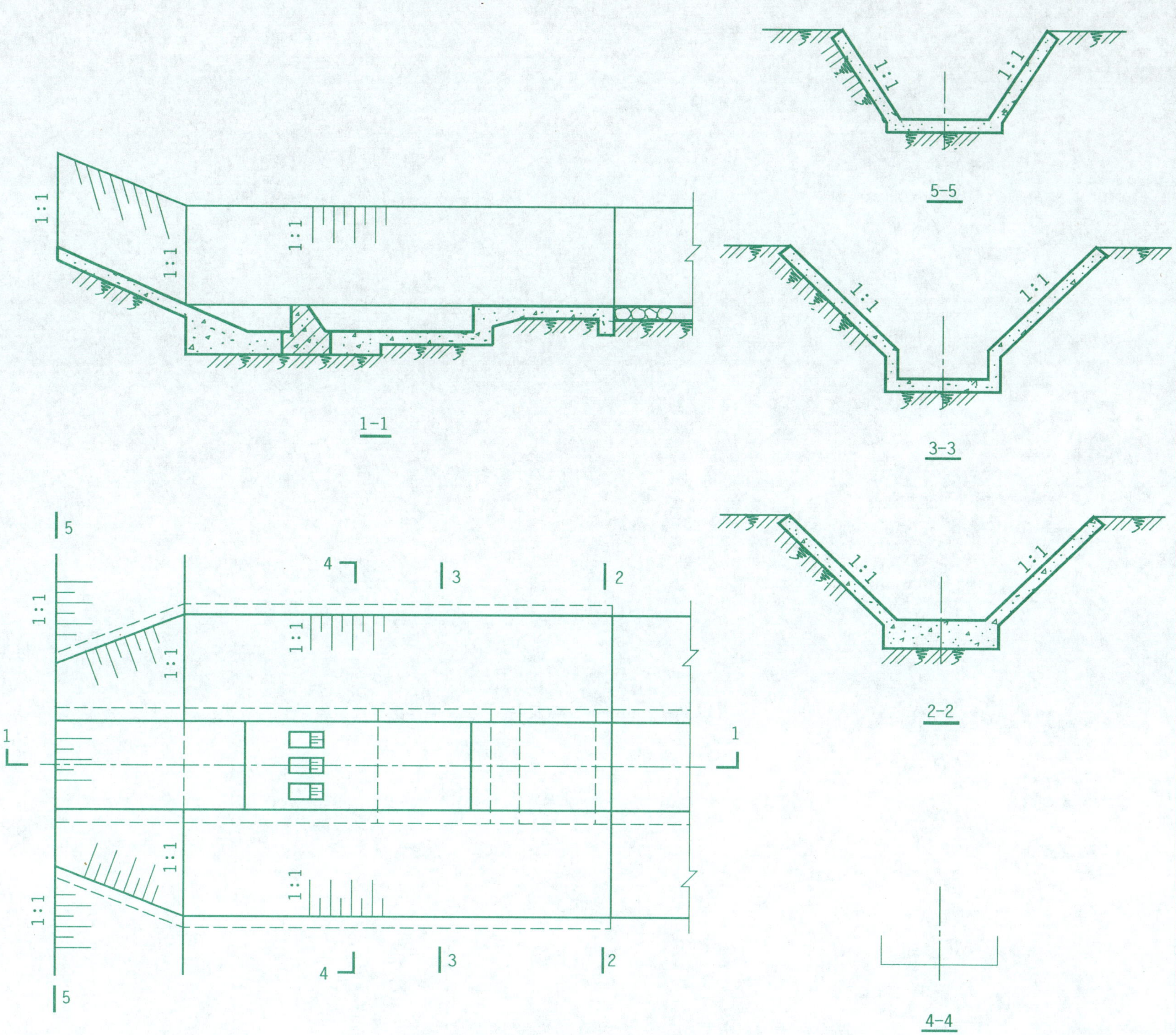


| 八 | 剖面图和断面图(四) | 专业 | 班 | 姓名 | 学号 | 日期 | 评阅 | 成绩 |
|---|---|---|---|---|---|---|---|---|

8-18 按尺寸用适当比例把三视图抄绘在 A3 图幅上，并将沉井的正立面图和左侧立面图改画成适当的剖面图。画铅笔图或墨线图(尺寸单位:cm)。

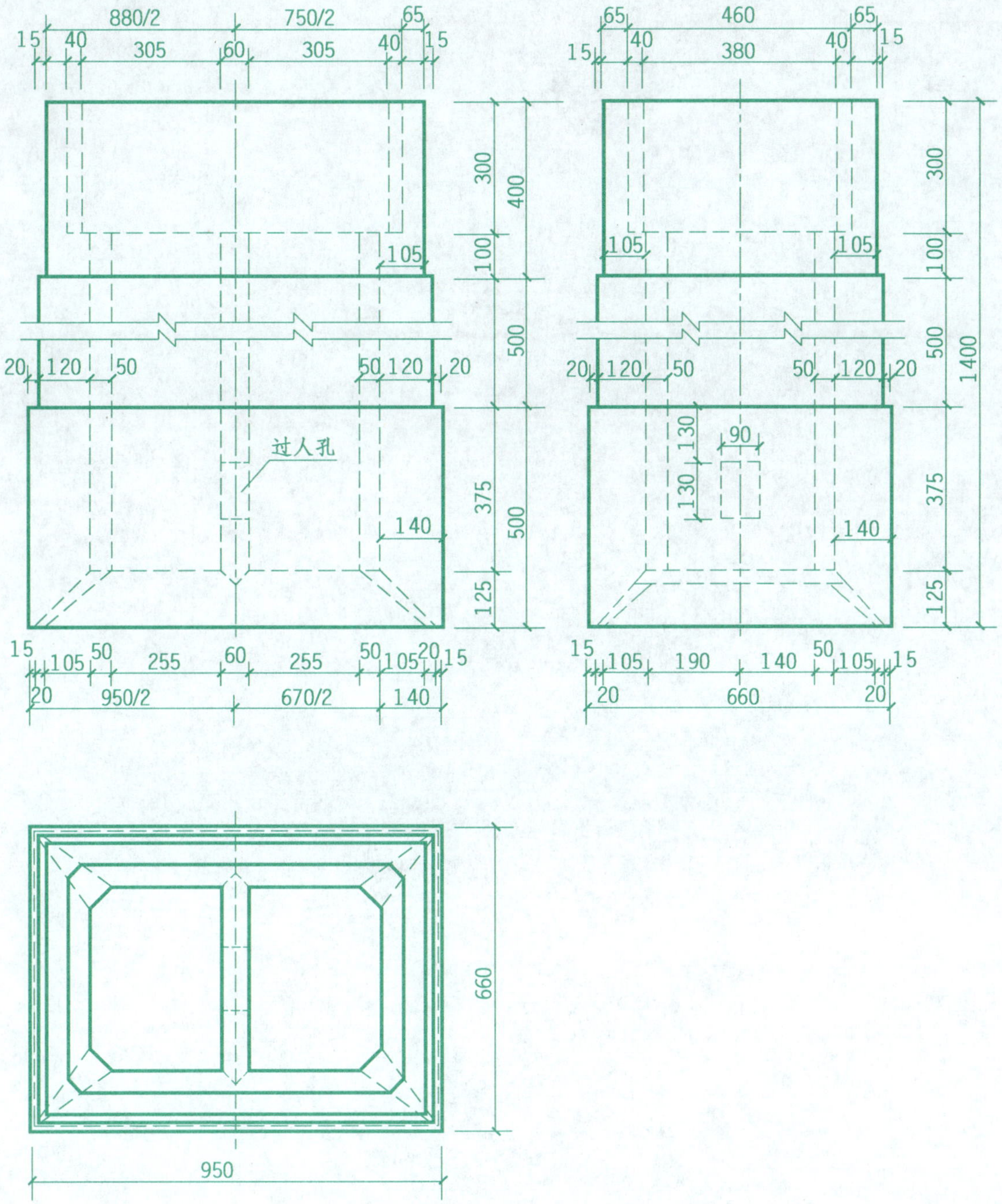


8-19 补画出窨井的左侧立面图，将它和正立面图改成适当的剖面图，并按尺寸用适当比例把三视图抄绘在 A3 图幅上。画铅笔图或墨线图(尺寸单位:mm)。

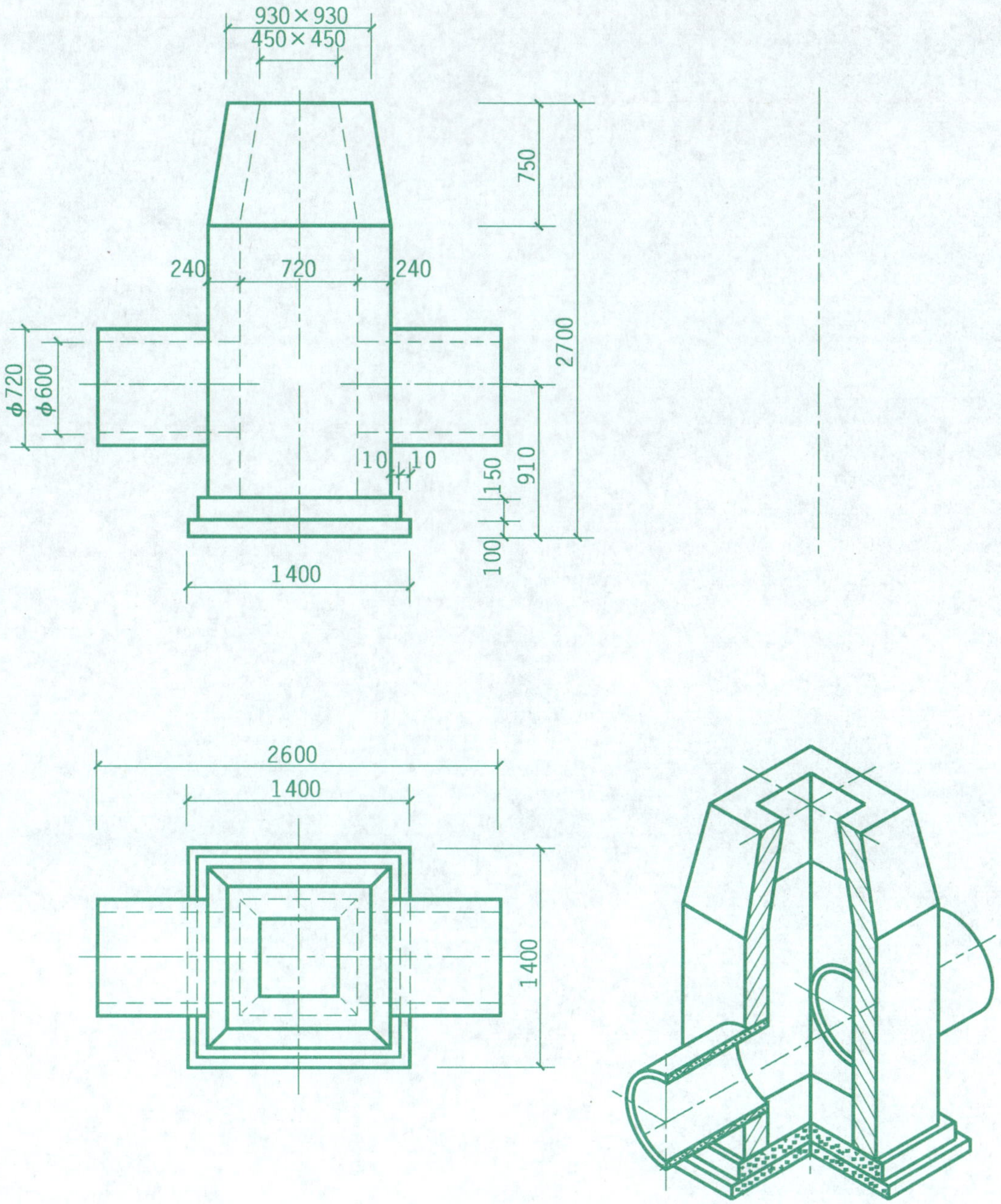


| 八 | 剖面图和断面图(五) | 专业 | 班 | 姓名 | 学号 | 日期 | 评阅 | 成绩 |
|---|---|---|---|---|---|---|---|---|

9-1 用变形系数画出形体的正等测图。

9-2 用简化系数画出形体的正等测图。

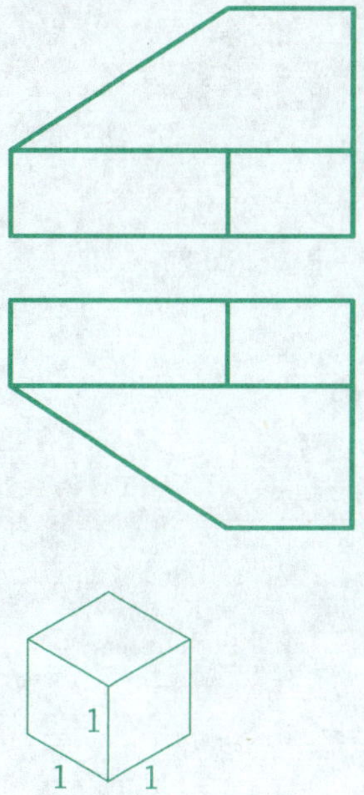


9-3 用简化系数画出形体的正等测图。

9-4 用简化系数画出形体的正二测图。

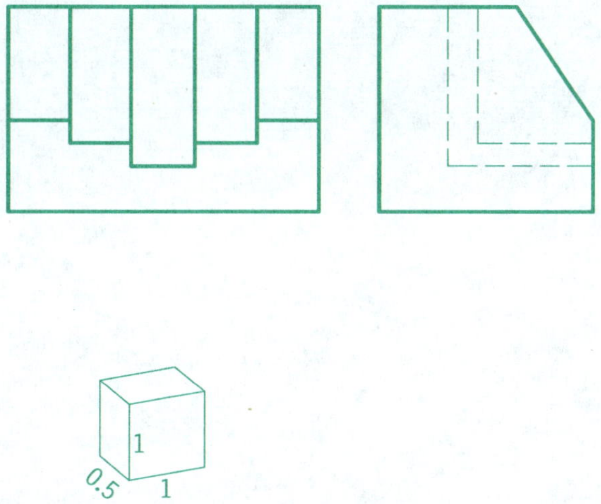


9-5 画出涵洞涵身的二等正面斜轴测图。

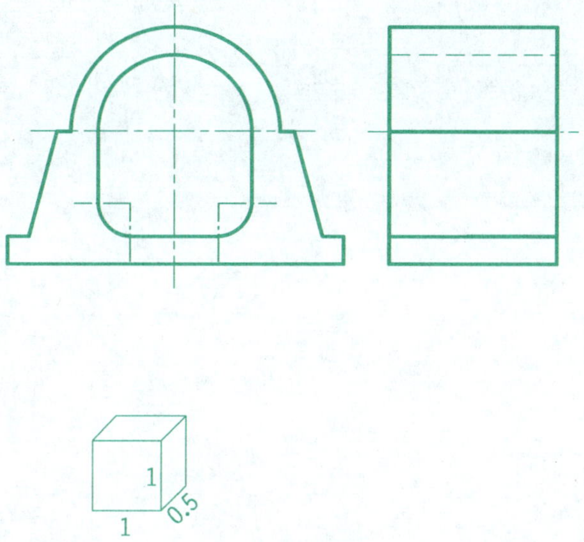


9-6 画出挡土墙的三等正面斜轴测图。

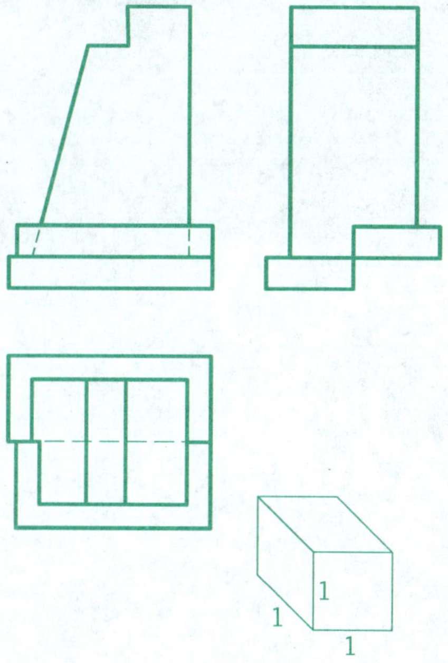

9-7 画出楼梯的正等测图。

9-8 画出形体的正等测图。

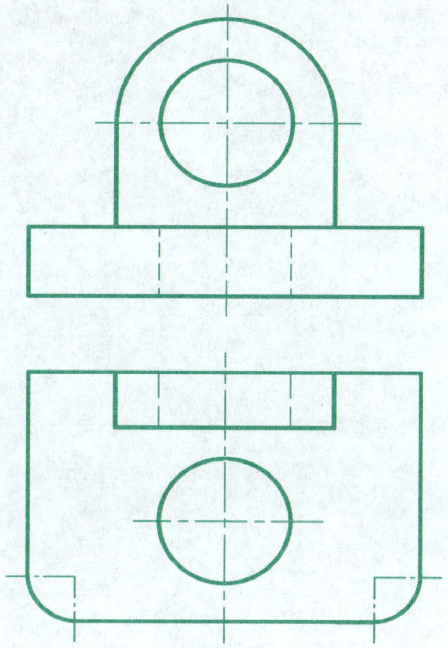

9-9 画出形体的仰视图。

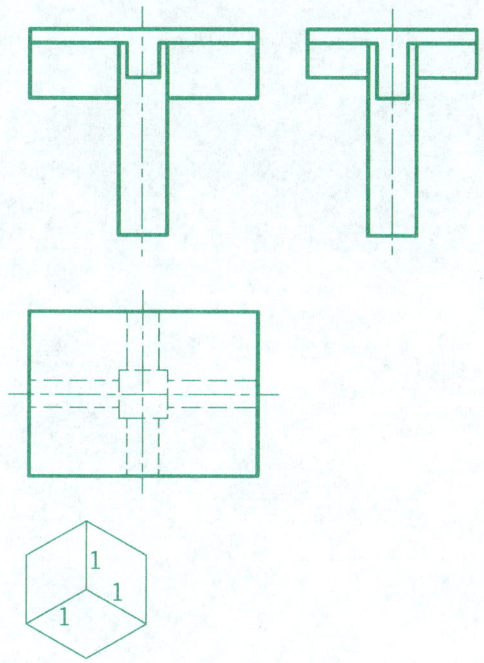


9-10 画出桥墩的正等测图。

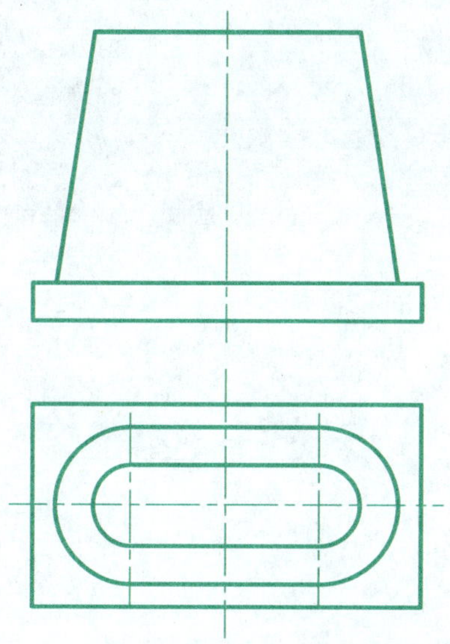

9-11 画出沉井的剖切正等测图。

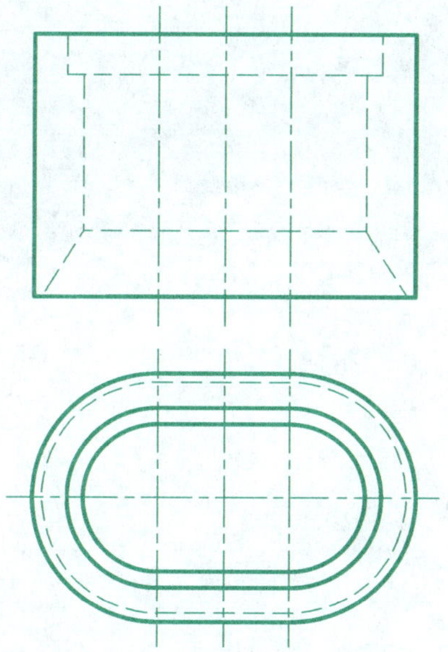

| 九 | 轴测投影(二) | 专业 | 班 | 姓名 | 学号 | 日期 | 评阅 | 成绩 |
|---|---|---|---|---|---|---|---|---|

10–1 求直线 $AB$ 的坡度 $i$，平距 $l$，实长 $L$，倾角 $\alpha$ 和线段上标高为整数的各点。

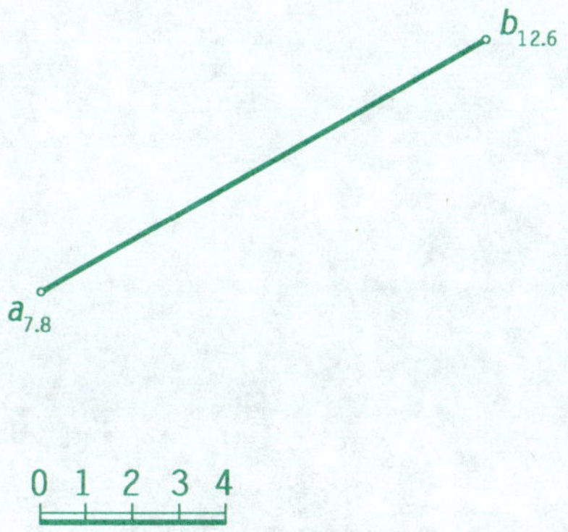


10–2 求作平面 $\triangle ABC$ 的坡度比例尺并作出该平面对 $H$ 面的倾角 $\alpha$。

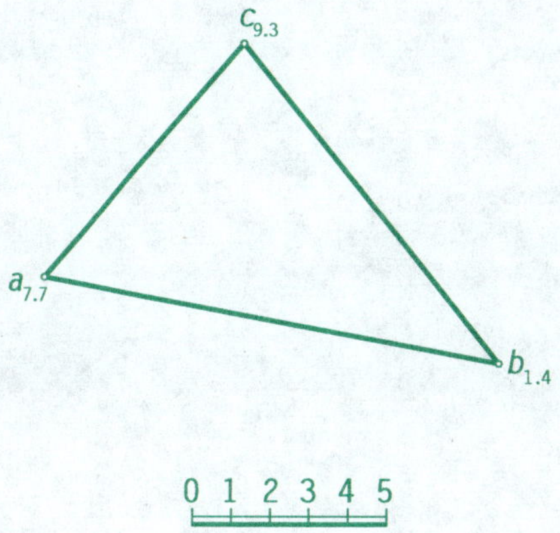


10–3 $P$ 平面由坡度 1 : 1 和直线（过 $a_7$ 点，坡度为 1 : 2）确定，$Q$ 平面由坡度 1 : 1.5 和等高线 6 确定，求作 $P$、$Q$ 两平面交线。

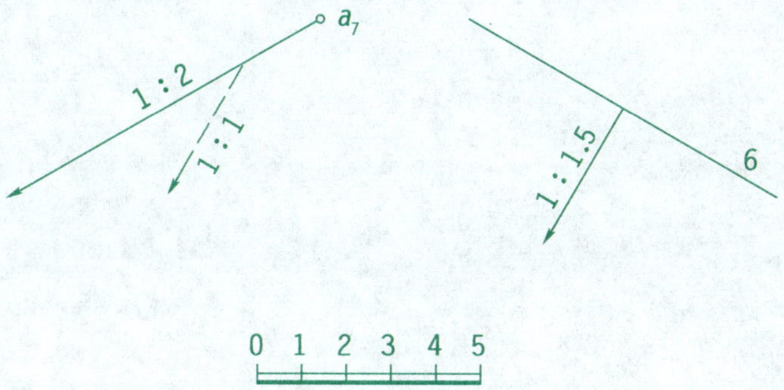


10–4 两堤顶的标高及各边坡坡度如下图所示，求各边坡与标高为 ±0.00 的地面的交线及各边坡之间的交线。

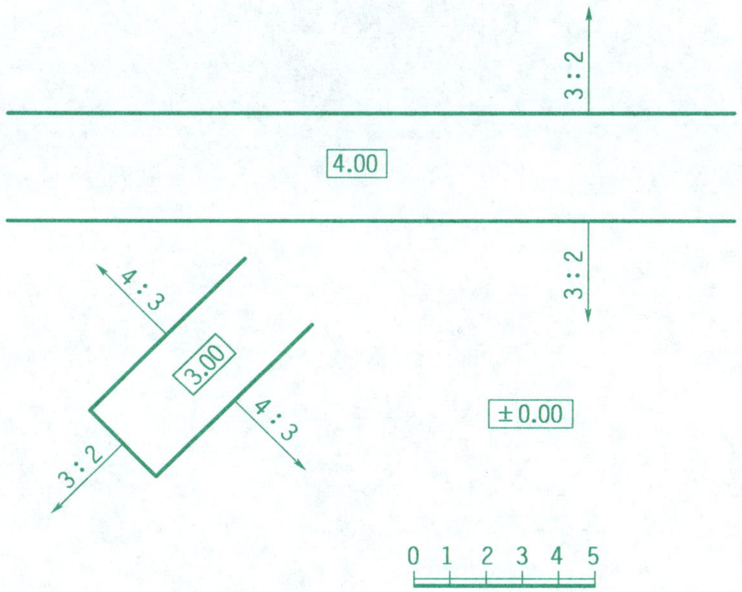


10–5 在地面标高为 ±0.00 修一坡道至某车库，车库地面标高为–2.5，坡道两侧边坡坡度为 4 : 1，求作坡道与地面的交线。

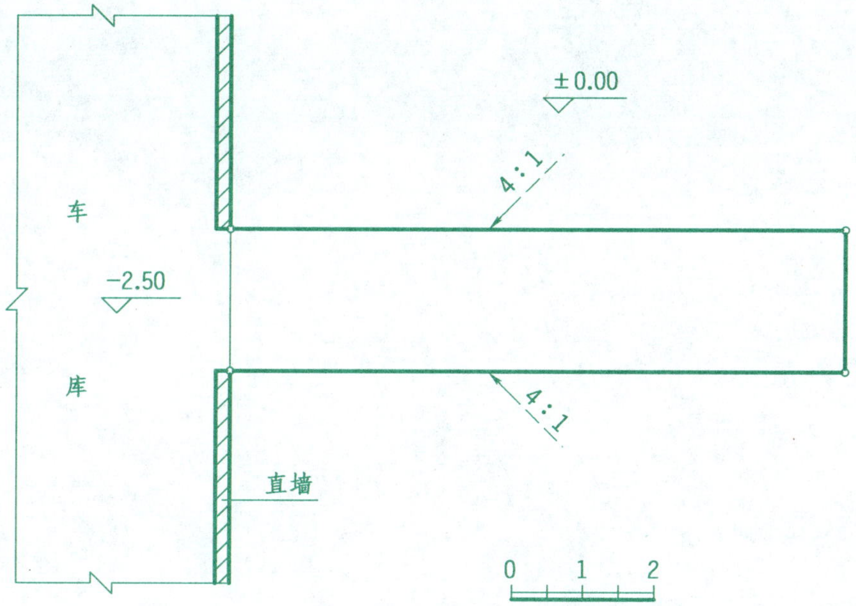


| 十 | 标高投影(一) | 专业 | 班 | 姓名 | 学号 | 日期 | 评阅 | 成绩 |
| --- | --- | --- | --- | --- | --- | --- | --- | --- |

10-6 已知地形图上土坝坝轴线的位置和标准断面，试求作：
(1)土坝平面图；(2)土坝下游立面图(比例 1∶1500；尺寸单位：m)。

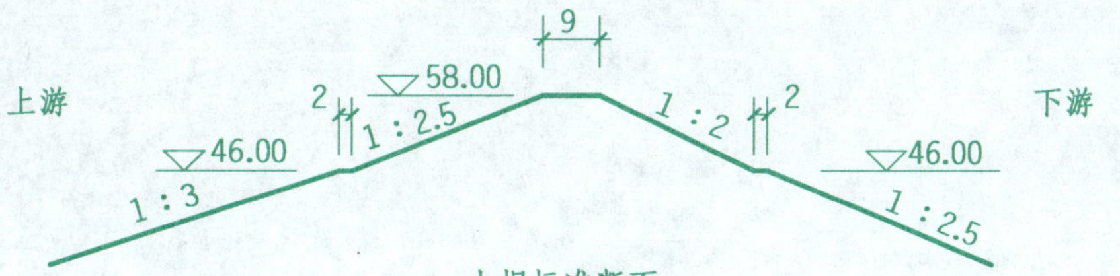

土坝标准断面

土坝下游立面图

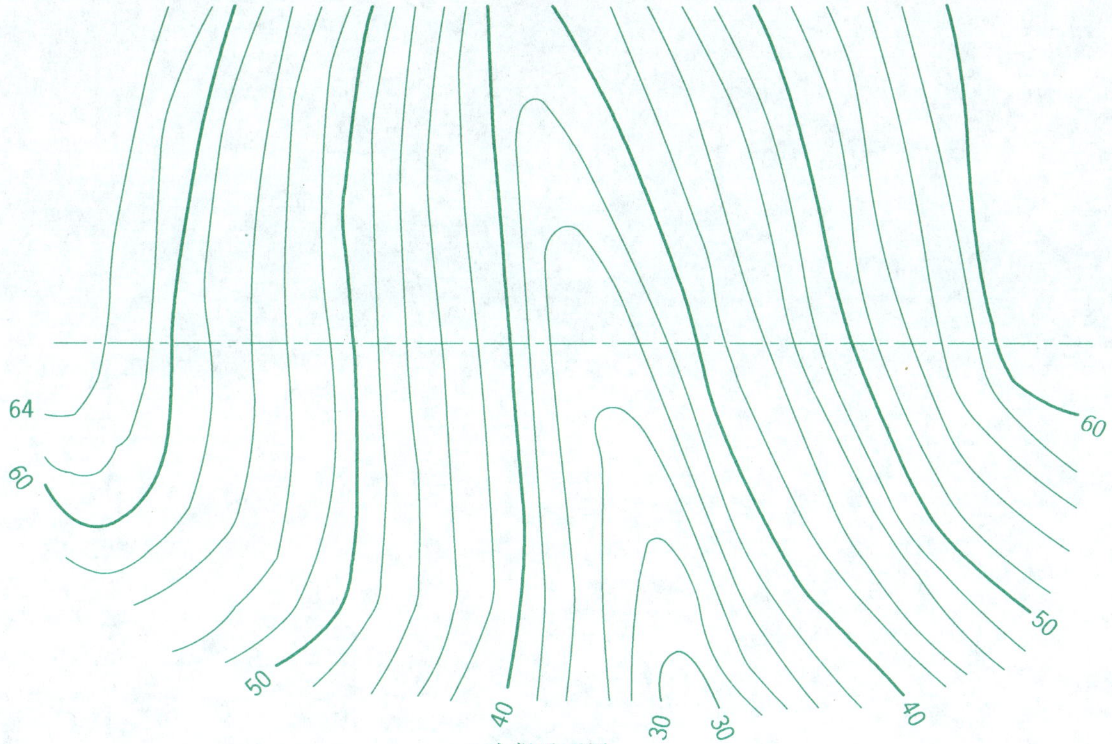

土坝平面图

10-7 求广场及斜引道的坡面与地形面的交线，坡面间的交线及斜引道与地形面的交线。坡面的挖方坡度为 3/2，填方坡度为 1∶1(尺寸单位：m)。

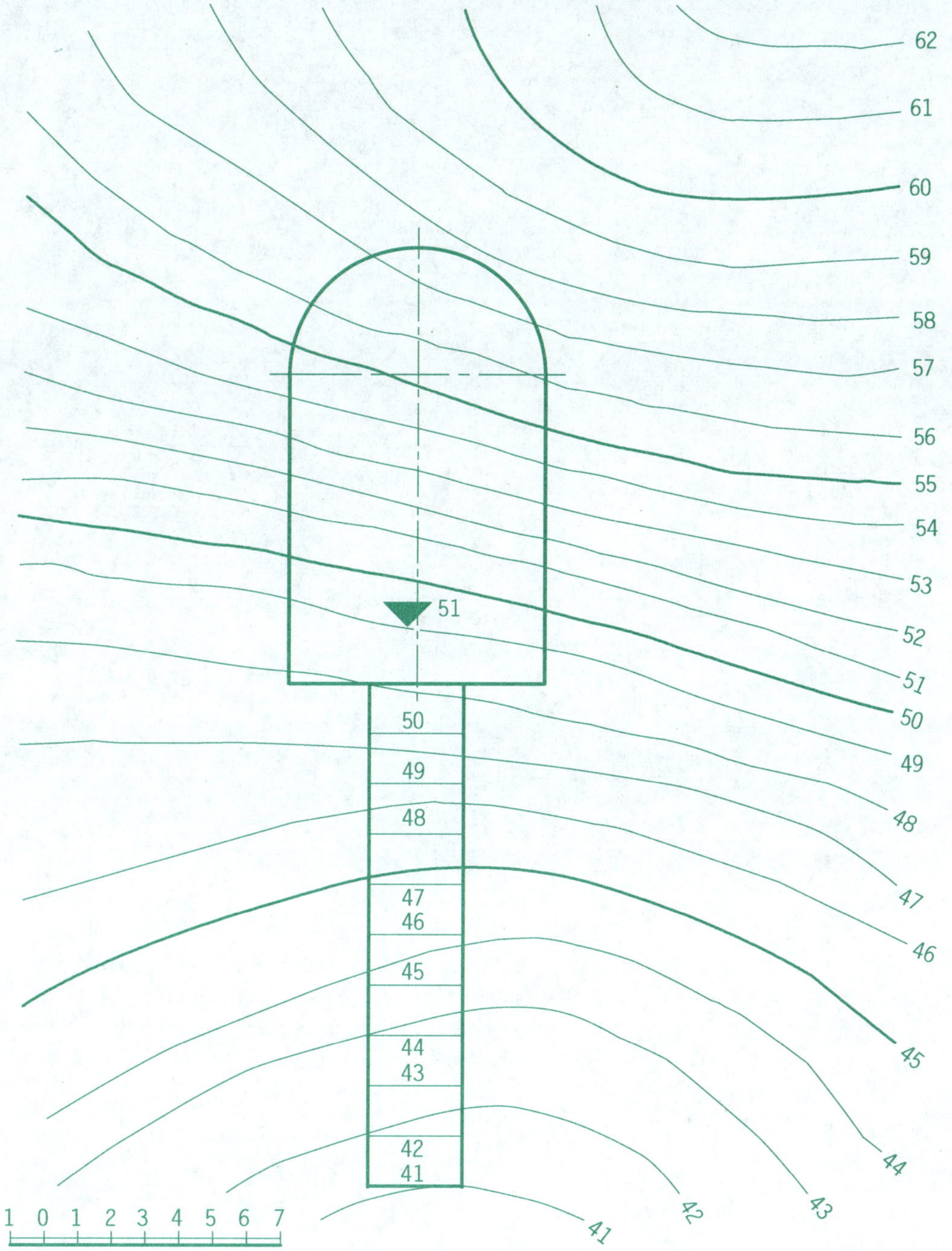


| 十 | 标高投影(二) | 专业 | 班 | 姓名 | 学号 | 日期 | 评阅 | 成绩 |
|---|---|---|---|---|---|---|---|---|

10-8 在地形面上修筑一道路，其填、挖边坡如标准断面所示，试用断面法求作开挖线和坡脚线（比例 1：500；尺寸单位：m）。

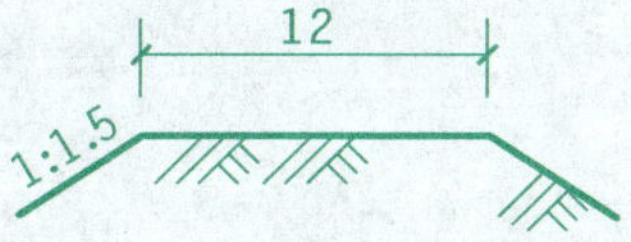


填方断面

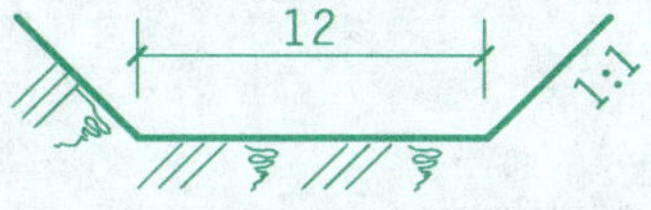


挖方断面

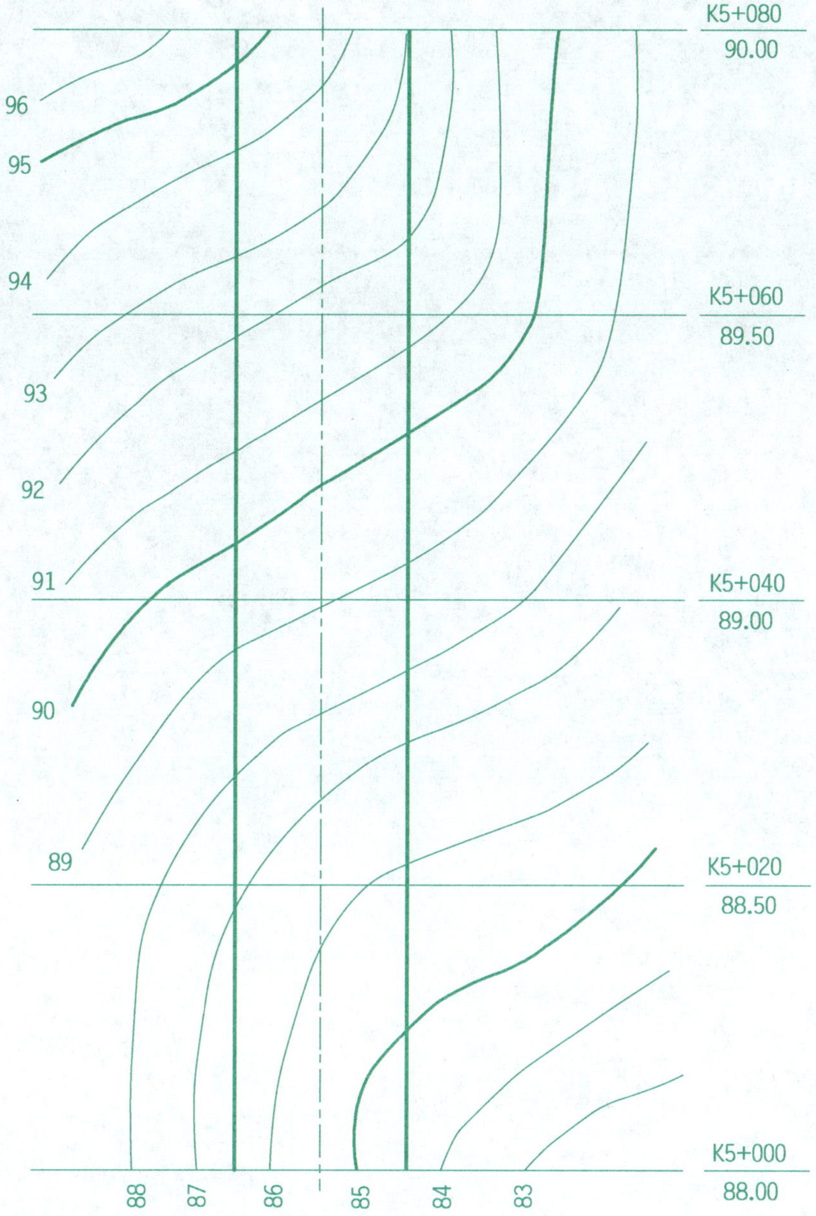


10-9 *A* 至 *B* 为一管道，试用虚线和实线分别表明管道 *AB* 埋入地下和露出地面外的各段。

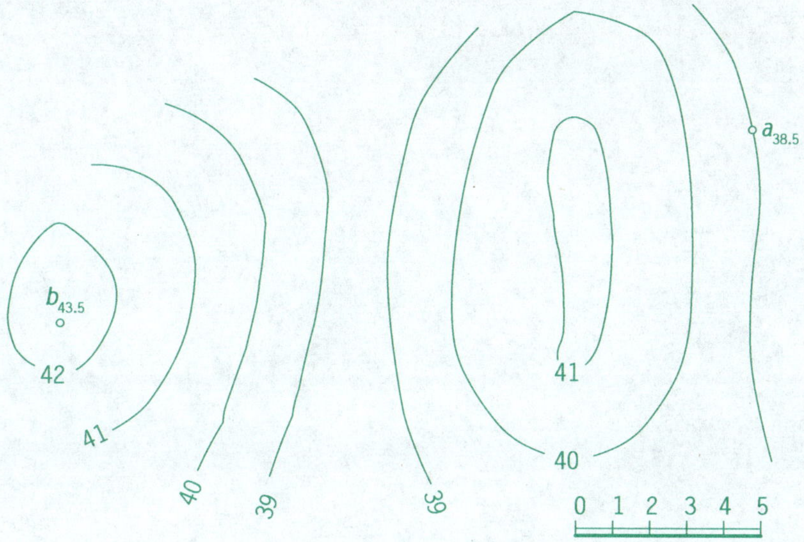


10-10 在地面上修筑一段有坡度的道路，其填方坡度与挖方坡度均为 1：1，求作填挖方界线。

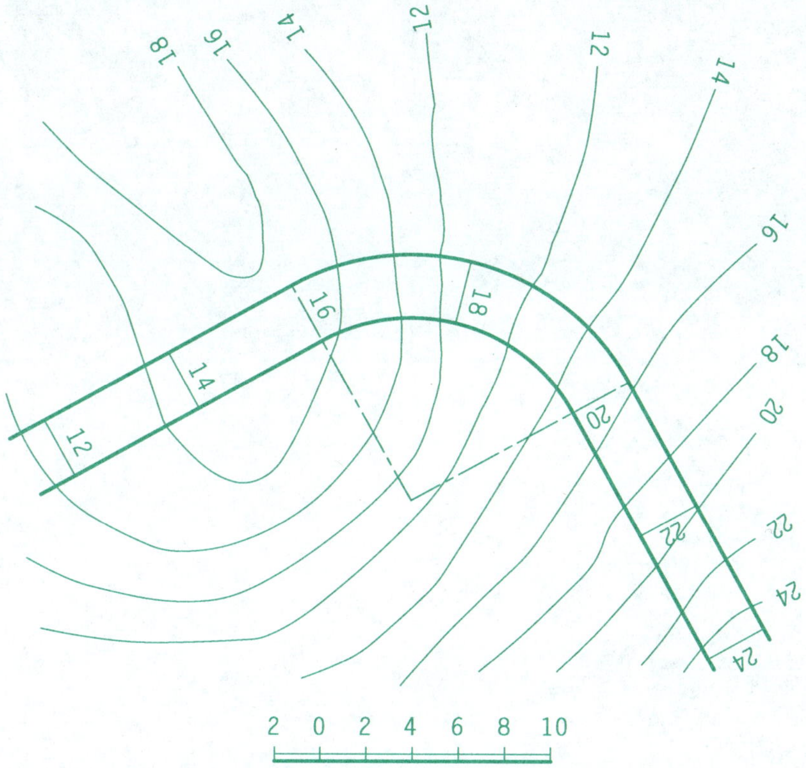

11-1 直线 $AB$、$CD$、$EF$ 在基面上，求作直线的透视图。

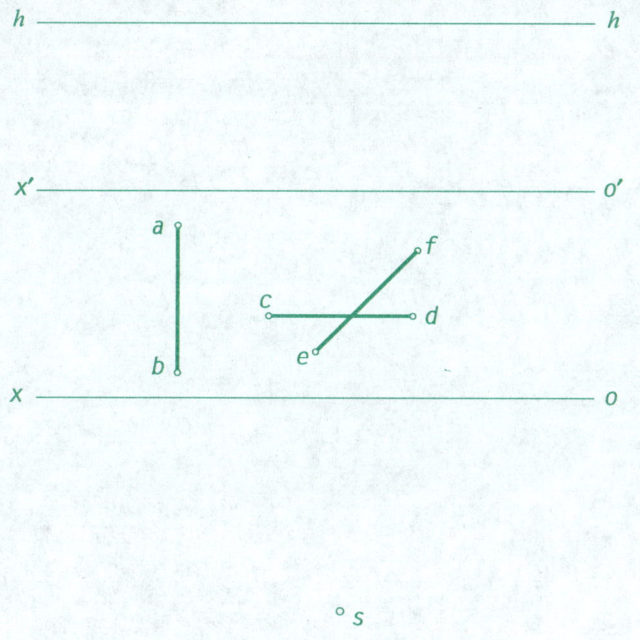


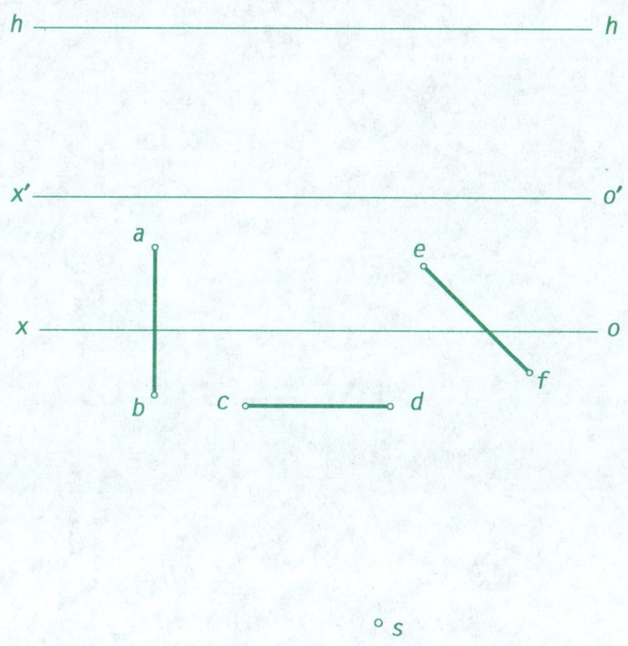


11-2 水平面 $ABCDEF$ 高于基面 30mm，作此平面透视。

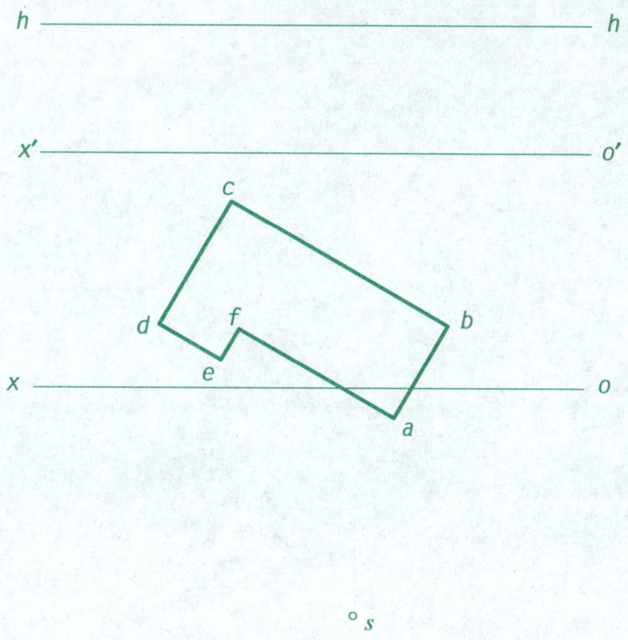


11-3 求作铅垂面 $ABCDE$ 的透视图。

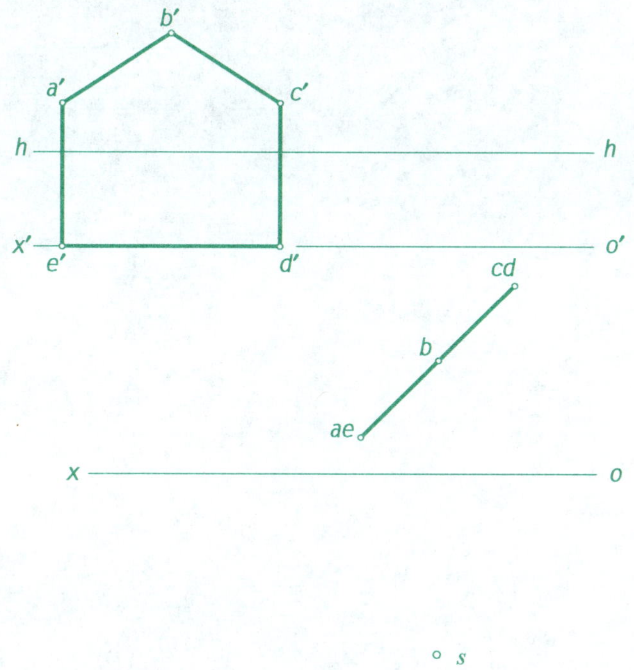


11-4 以方块 $A$、$B$、$C$、$D$ 为底作高 90mm 的方柱的透视，在 1、2、…、9 各点处竖高 110mm 的立杆的透视。

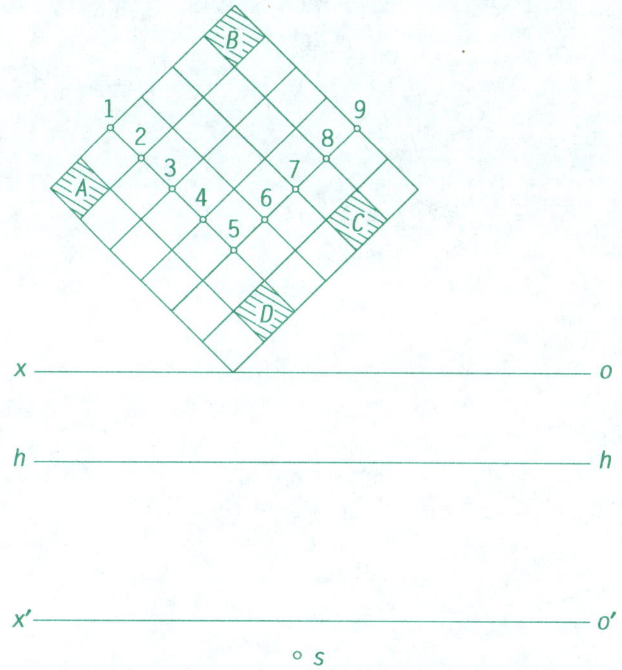


11-5 作组合体的透视。

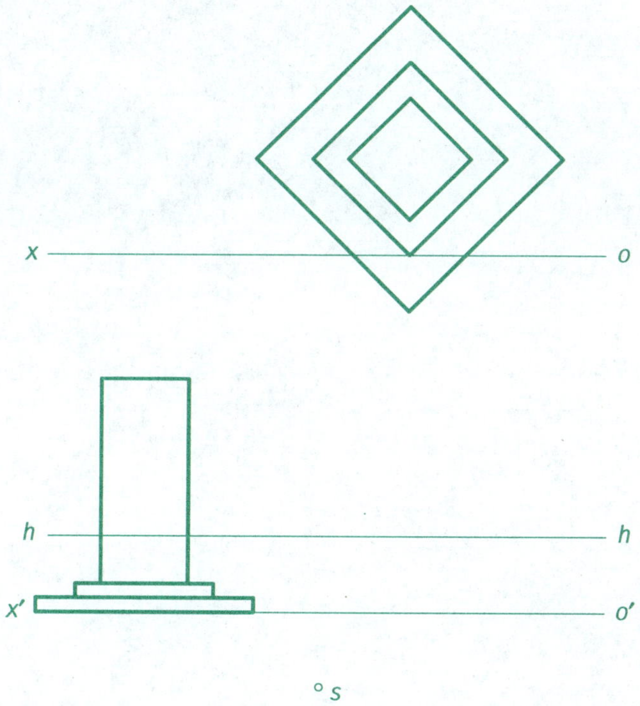


| 十一 | 透视投影(一) | 专业 | 班 | 姓名 | 学号 | 日期 | 评阅 | 成绩 |
|---|---|---|---|---|---|---|---|---|

11-6 在 *A*、*B*、*C*、*D* 处各立一灯杆，高度相同，试完成其透视。

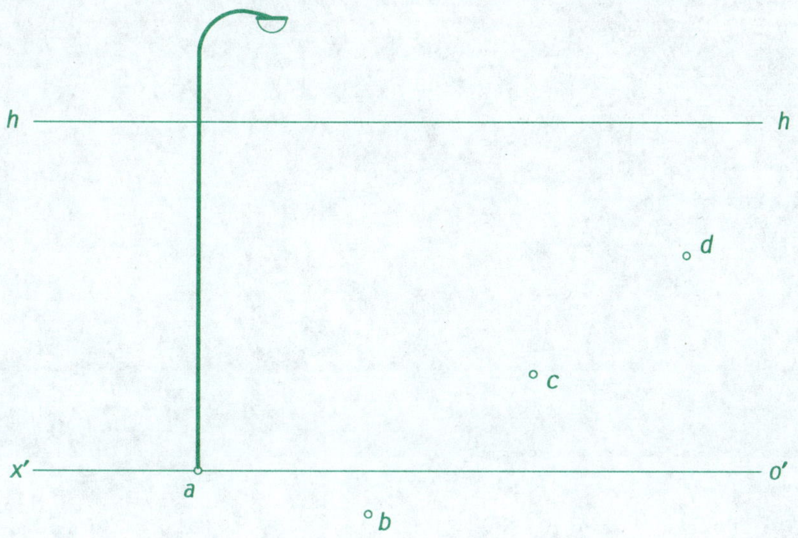


11-7 已知 *A* 处树高 3m，试在 *B* 处画高 4m，在 *C* 处画高 5m 的树。

11-8 作教室的室内透视。

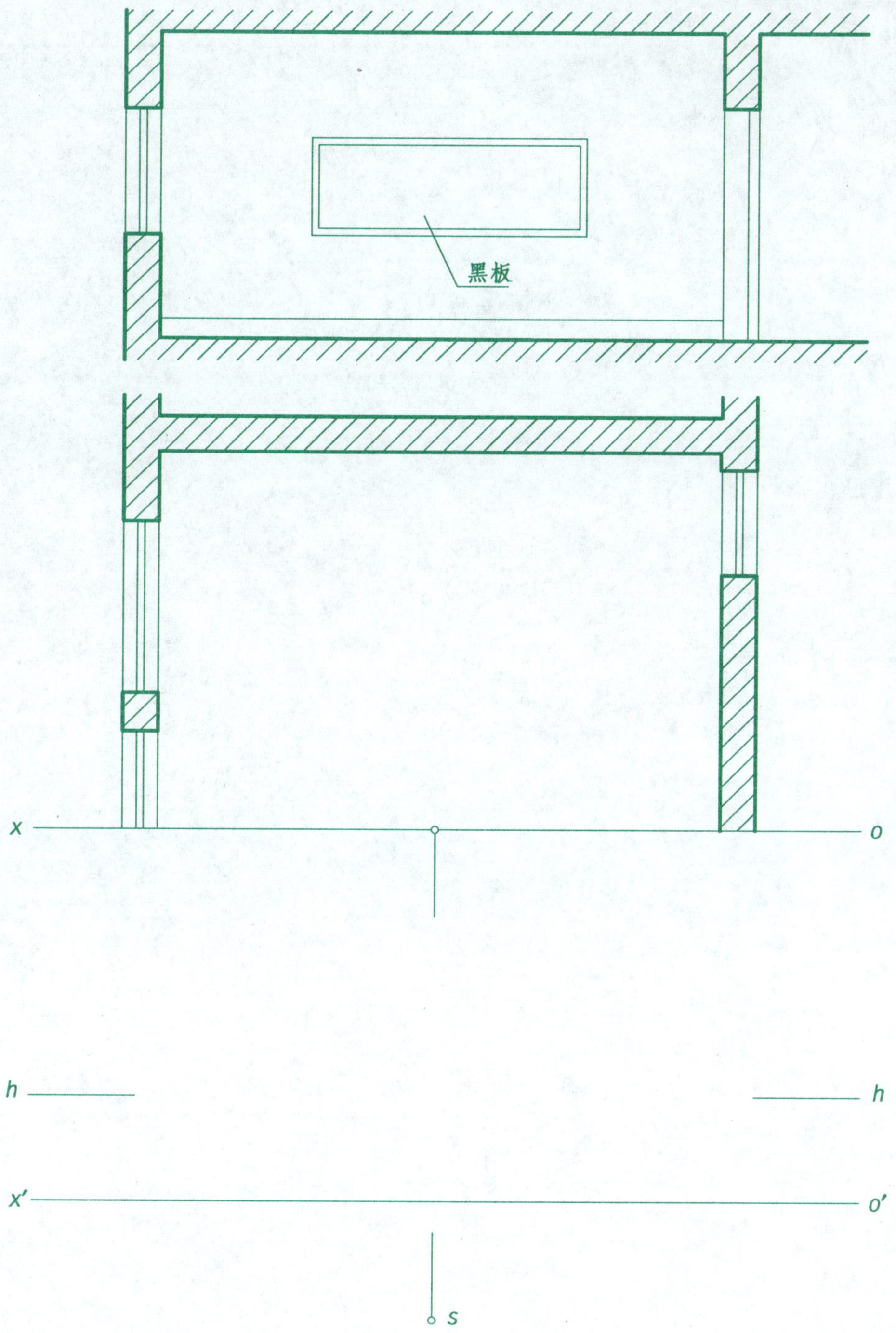


| 十一 | 透视投影(二) | 专业 | 班 | 姓名 | 学号 | 日期 | 评阅 | 成绩 |
|---|---|---|---|---|---|---|---|---|

11-9 作台阶的透视(并应求出斜线的灭点)。

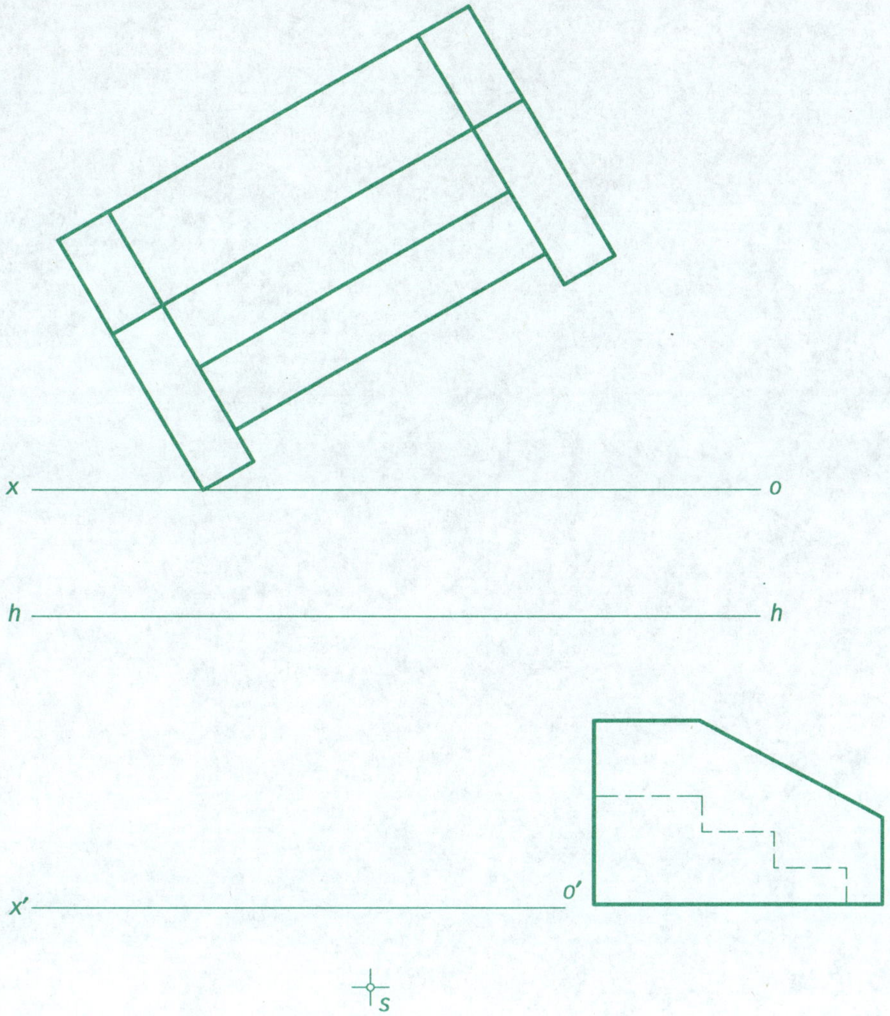


11-10 用量点法、降低平面图( $o'_1x'_1$ )及集中真高线 $n_1N$ 求作房屋轮廓的透视。

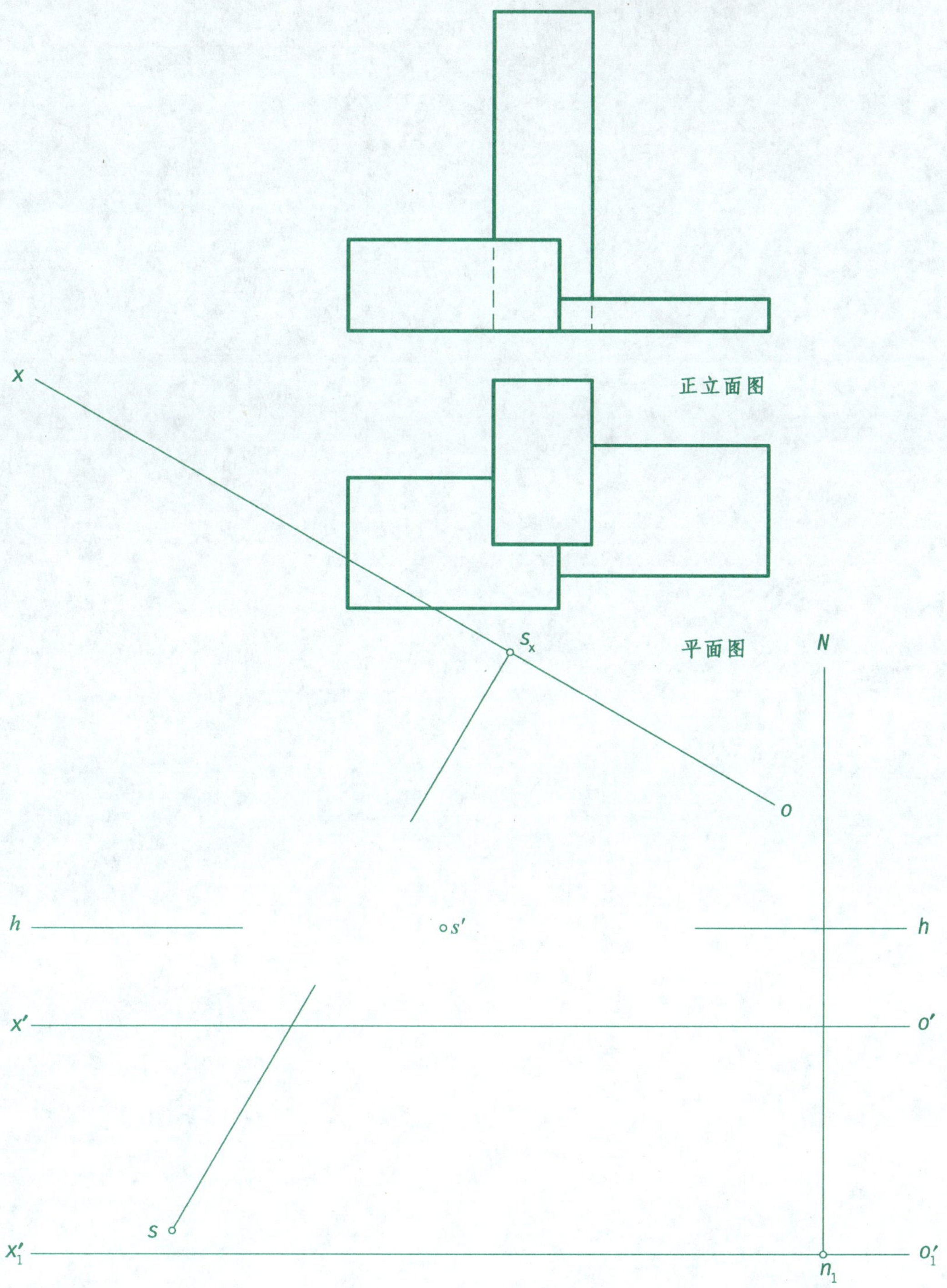


| 十一 | 透视投影(三) | 专业 | 班 | 姓名 | 学号 | 日期 | 评阅 | 成绩 |
|---|---|---|---|---|---|---|---|---|

12-1 按样图放大一倍，用四心法画出椭圆形拱门轮廓。

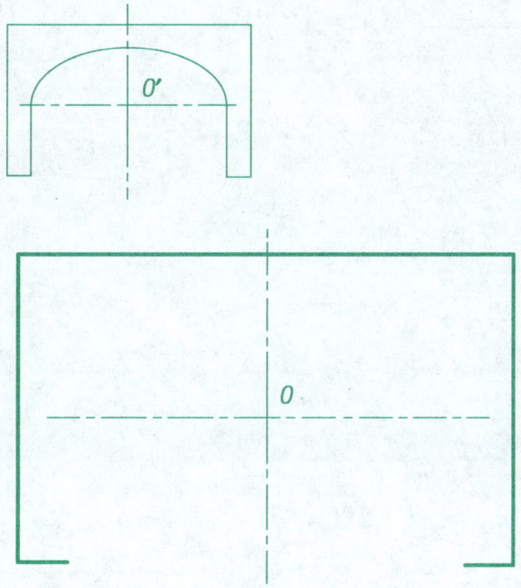


12-2 绘制如图所示的线型。

12-3 按 1:20 绘制窗立面图(尺寸单位：mm)。

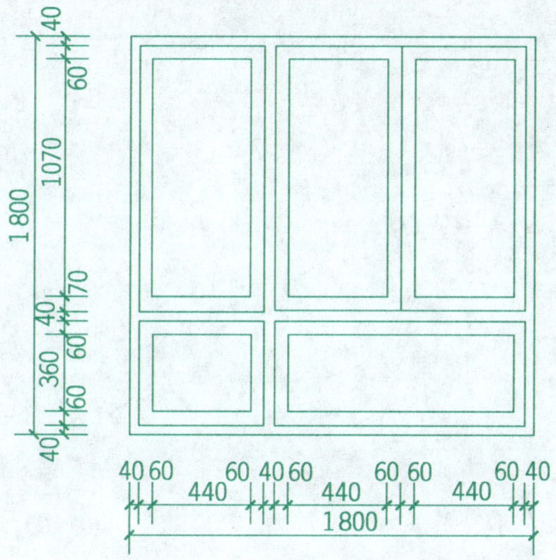


12-4 补绘图中的材料图例。

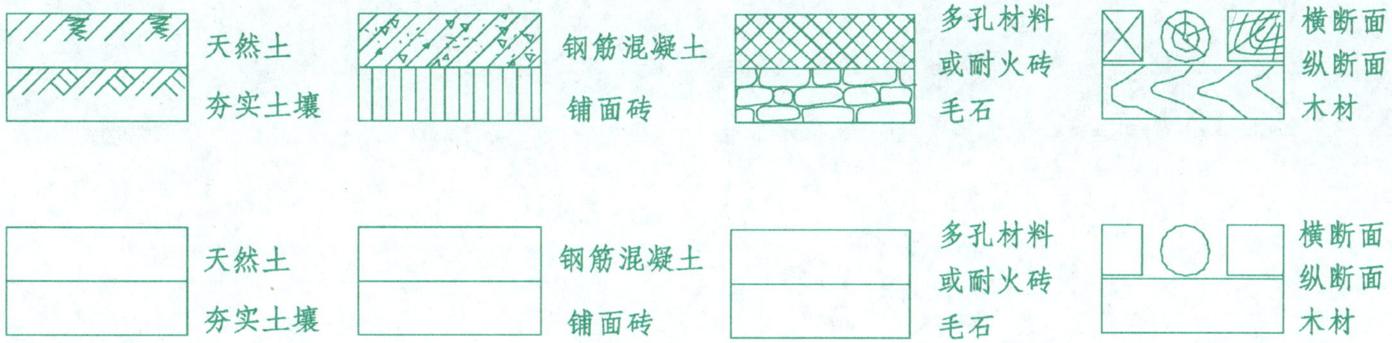


材料图例

12-5 绘制如图所示的曲线及多边形(尺寸单位：mm)。

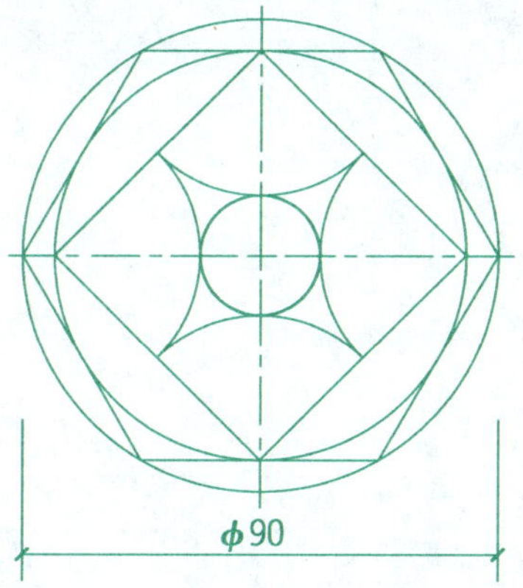


| | | | | | | | | |
|---|---|---|---|---|---|---|---|---|
| 十二 | 制图基础知识和基本技能(一) | 专业 | 班 | 姓名 | 学号 | 日期 | 评阅 | 成绩 |

一. 一般字体(笔画宽度为字高的1/10)

ABCDEFGHIJKLMN

abcdefghijklmn

1234567890

ABCabcd1234 75°

二. 窄字体(笔画宽度为字高的1/14)

ABCDEFGHIJKLMN

abcdefghijklmn

1234567890

ABCabcd1234 75°

工程字练习 一 专业 班 姓名 学号______ 日期______

建 筑 是 凝 固 的 艺 术

东南西北方向平立剖面　　设计说明房屋道路大坝

勾缝粉刷铺装垫层碎石　　校核栏杆楼板闸门桩基

工程字练习 二 专业 班 姓名 学号______ 日期______

13-1 在计算机中新建一个文件，绘出如图所示的图形(并用多义线绘出有线宽的图形)。

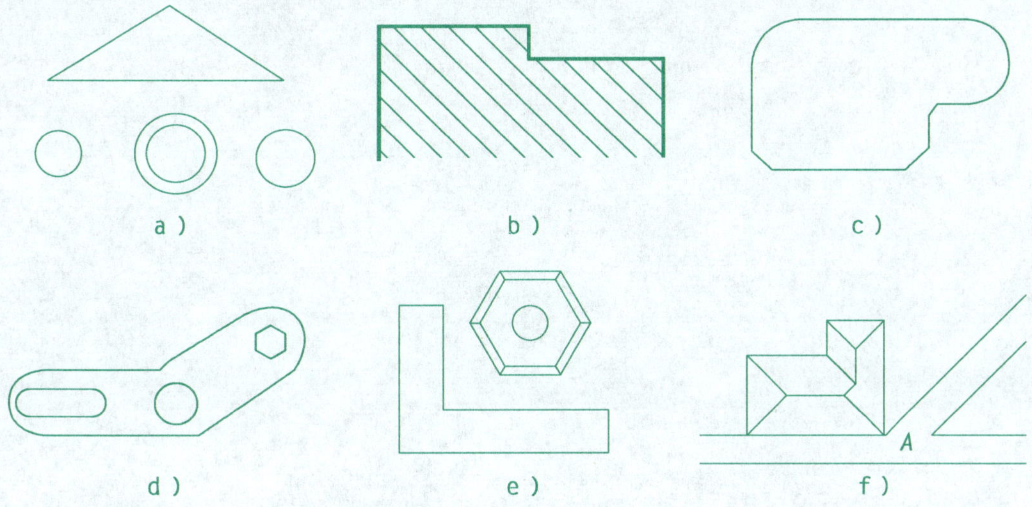


13-2 在计算机中各新建一个文件，并各设置一图层(颜色自定，线型为实线)，在各个图层上，分别绘出如图所示家具平面（比例 1:50）。

13-3 AtuoCAD 绘制 50kg/m 钢轨断面图(尺寸单位：mm)。

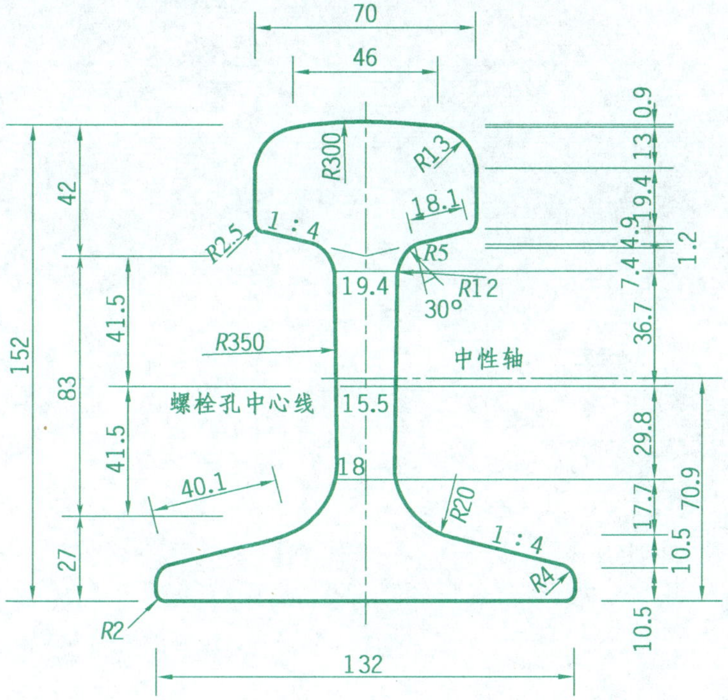


13-4 在计算机中新建一个文件，设置图层 QIANG(颜色为蓝色，线型为实线)，图层 ZX(颜色为红色，线型为虚线)，图层 PD(颜色为绿色，线型为实线)，绘出如图所示卫生间平面，要求将 13-2 所画的洁具平面以图块的形式插入其中，并标注尺寸(比例 1:50；尺寸单位：mm)。

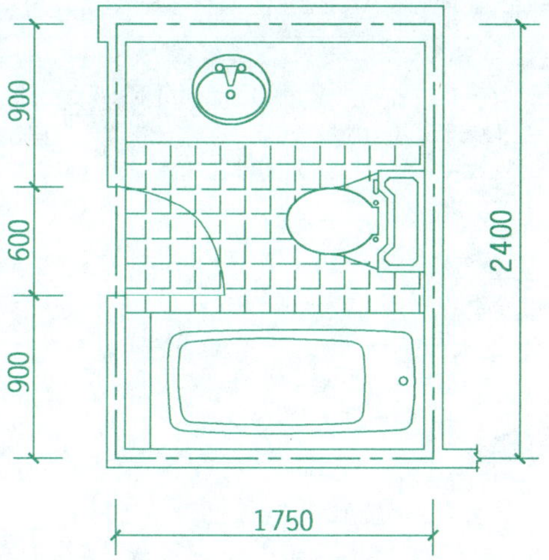


| | | | | | | | | |
|---|---|---|---|---|---|---|---|---|
| 十三 | 计算机绘制工程图(一) | 专业 | 班 | 姓名 | 学号 | 日期 | 评阅 | 成绩 |

13–5 在计算机中新建一个文件，设置图层 QIANG（颜色为蓝色，线型为实线），图层 ZX（颜色为红色，线型为虚线），图层 PD（颜色为绿色，线型为实线）绘出如图所示标准客房平面，要求将前面所画的 13–2 至 13–4 中的平面以图块的形式插入其中，并标注尺寸（比例 1:50；尺寸单位：mm）。

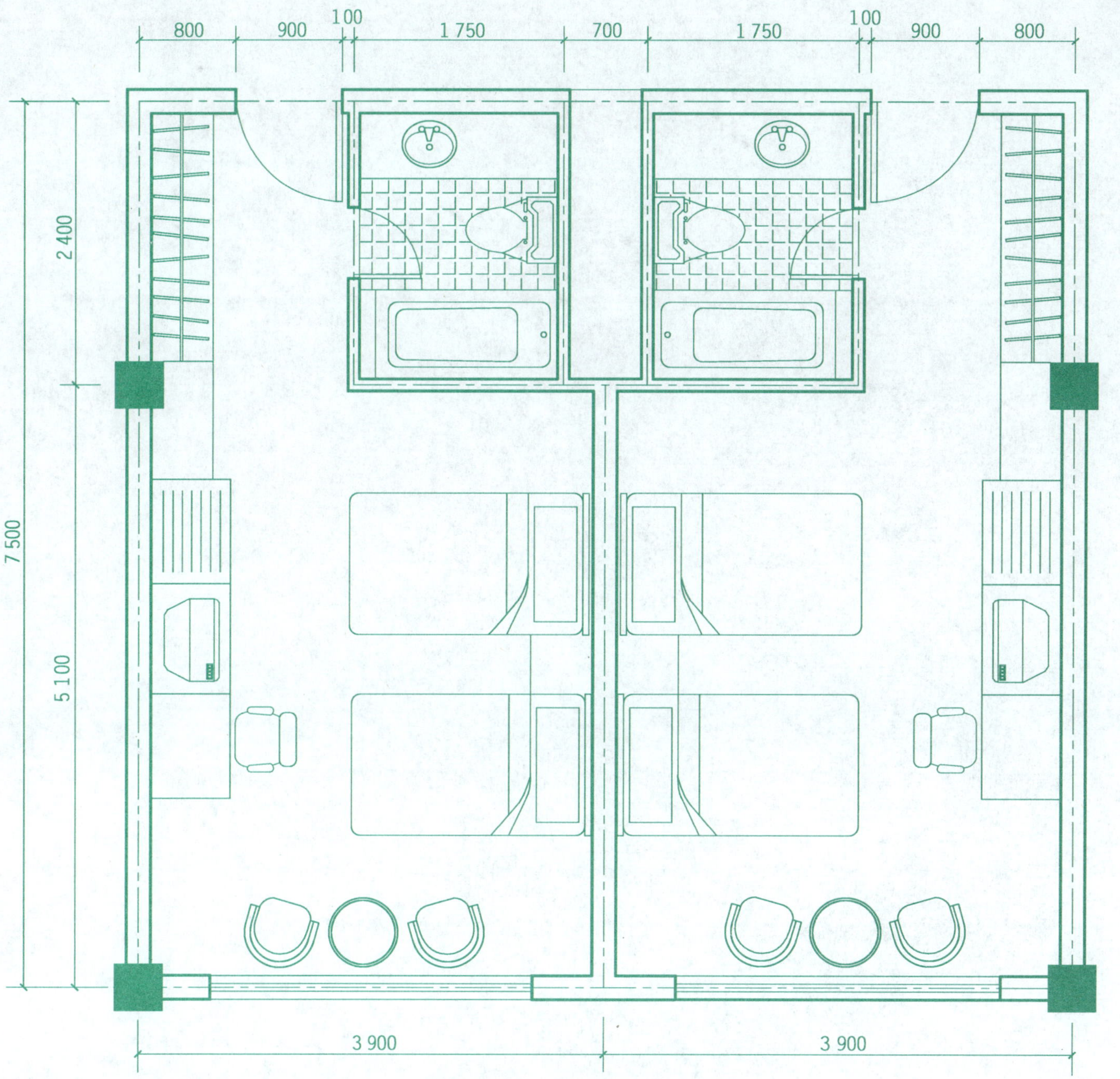


| 十三 | 计算机绘制工程图(二) | 专业 | 班 | 姓名 | 学号 | 日期 | 评阅 | 成绩 |
|---|---|---|---|---|---|---|---|---|

13-6 AutoCAD 绘制避车洞图(尺寸单位:cm)。

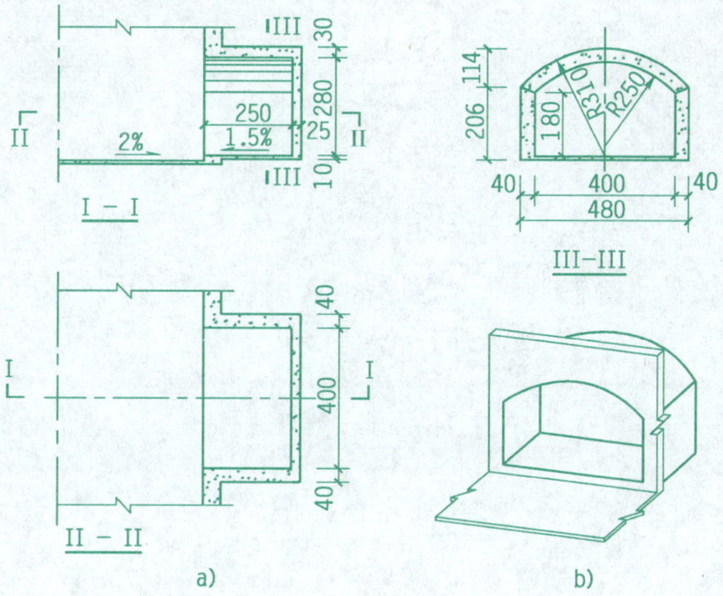


13-8 AutoCAD 绘制水闸闸室结构图,闸室线型为白色实线,其他要求同 13-6 题(尺寸单位:cm;标高单位:m)。

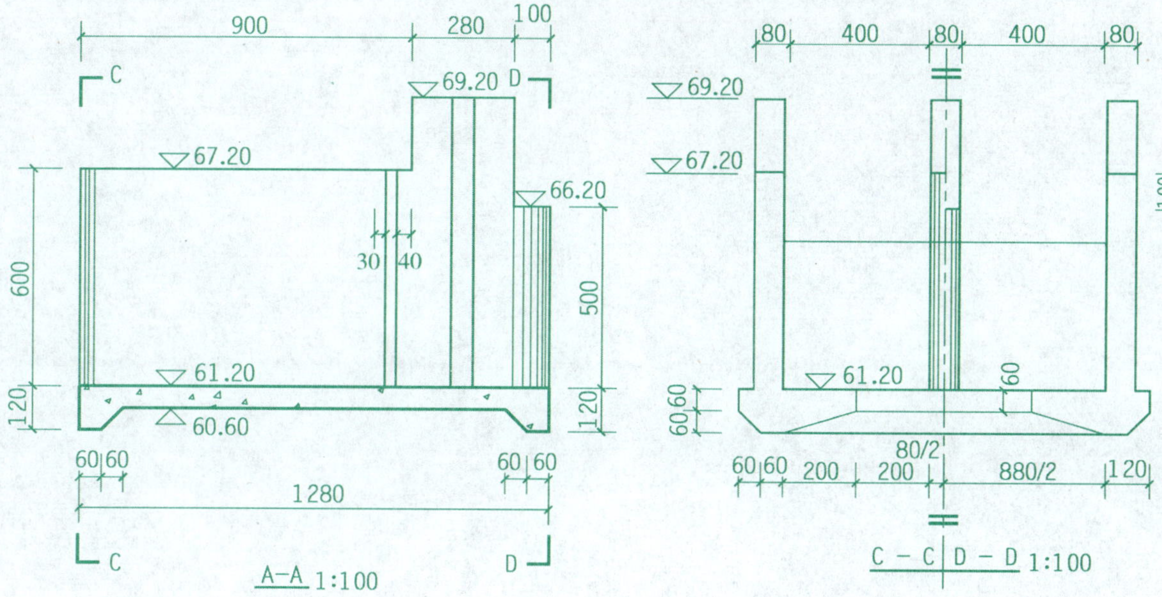


13-7 AutoCAD 绘制四洞式隧道断面图,要求洞身线型为白色实线,线宽 0.38mm;尺寸线绿色细实线;点画线为细红线,实线段长 8mm;A3 图幅,比例 1:100(尺寸单位:cm)。

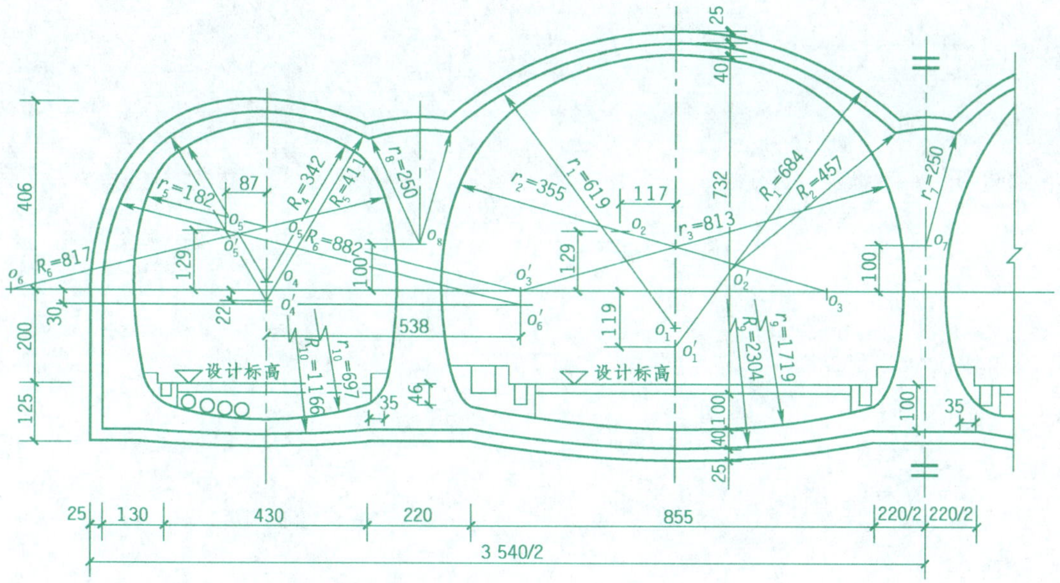


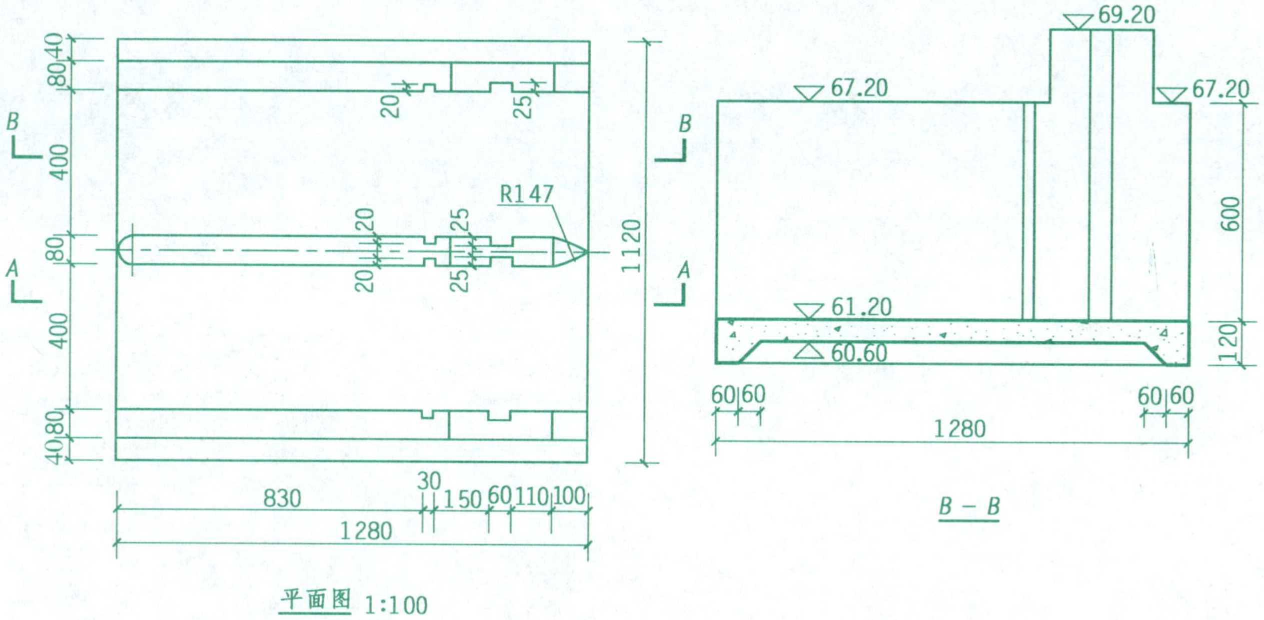


| 十三 | 计算机绘制工程图(三) | 专业 | 班 | 姓名 | 学号 | 日期 | 评阅 | 成绩 |
|---|---|---|---|---|---|---|---|---|

14-1 根据组合体轴测图上的尺寸，用比例 1:100 画三视图(尺寸单位：cm)。

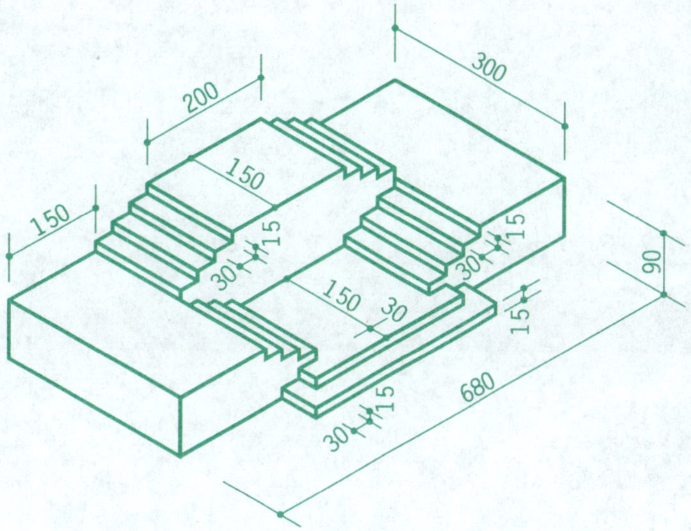


14-2 根据组合体轴测图上的尺寸，用比例 1:100 画三视图(尺寸单位：cm)。

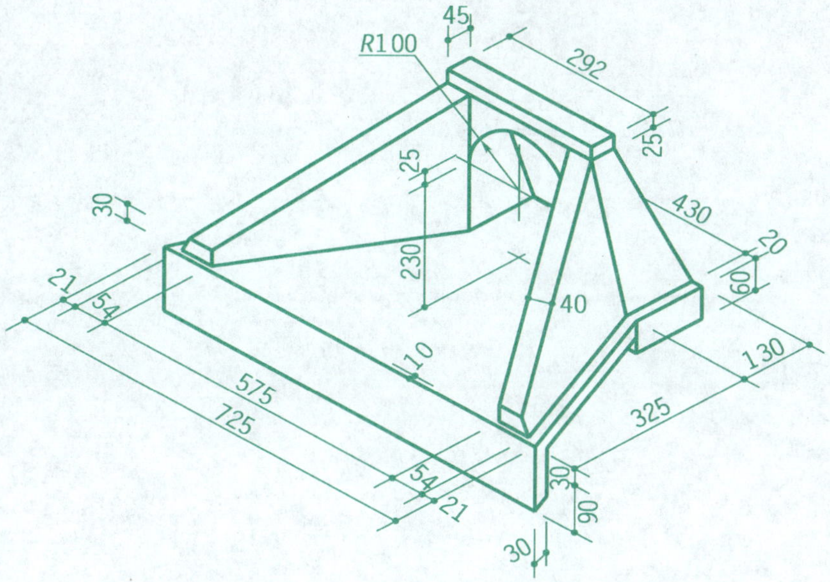


14-3 根据组合体轴测图上的尺寸，用比例 1:50 画三视图(尺寸单位：cm)。

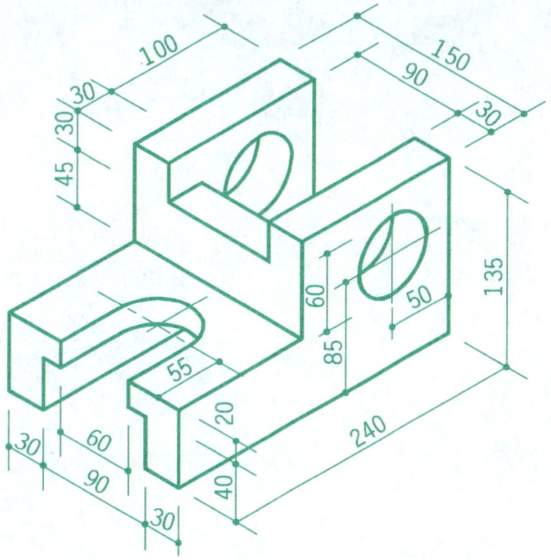


14-4 根据组合体轴测图上的尺寸，用比例 1:100 画三视图(尺寸单位：cm)。

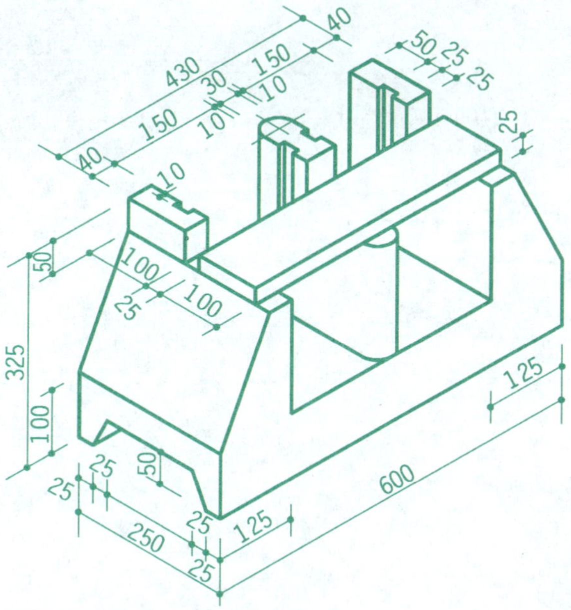


| 十四 | 组合体的投影(一) | 专业 | 班 | 姓名 | 学号 | 日期 | 评阅 | 成绩 |
|---|---|---|---|---|---|---|---|---|

14-5 补画左侧立面图。

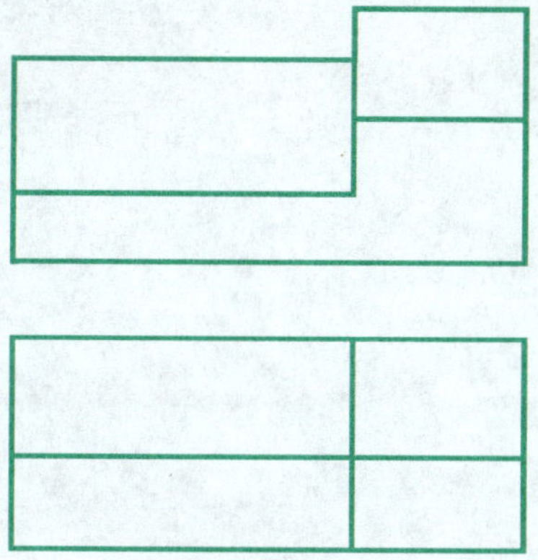

14-6 补画平面图。

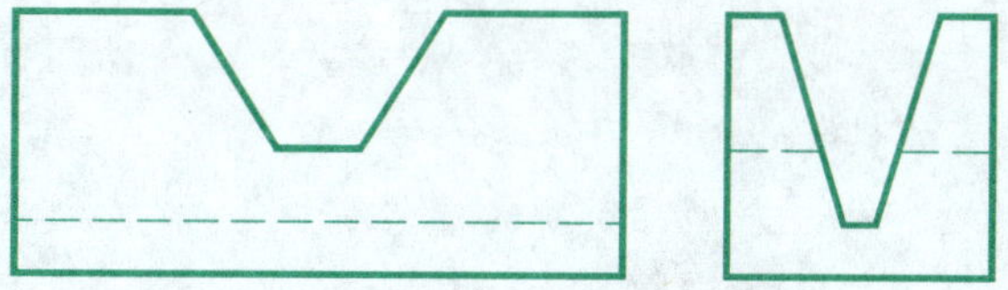

14-7 补画左侧立面图。

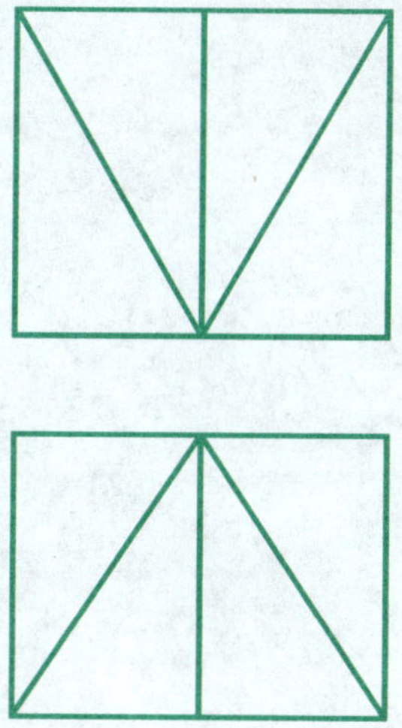

14-8 补画左侧立面图。

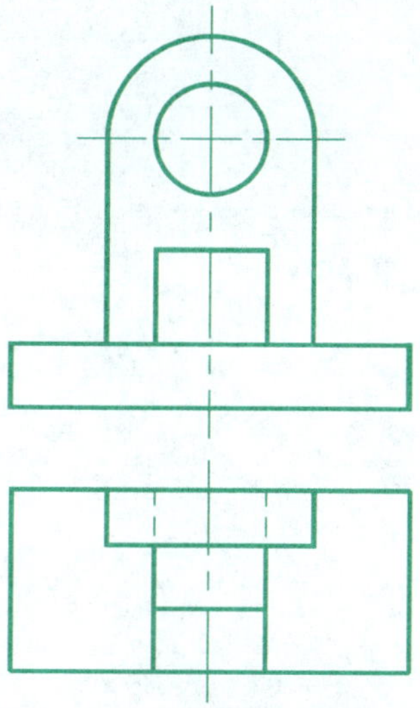

14-9 补画平面图。

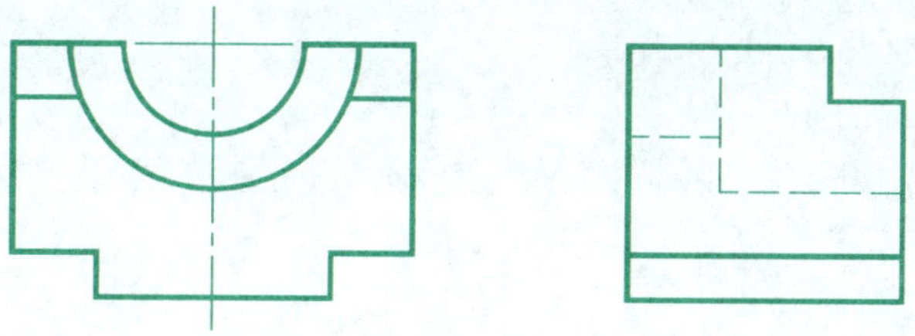

14-10 补画平面图。

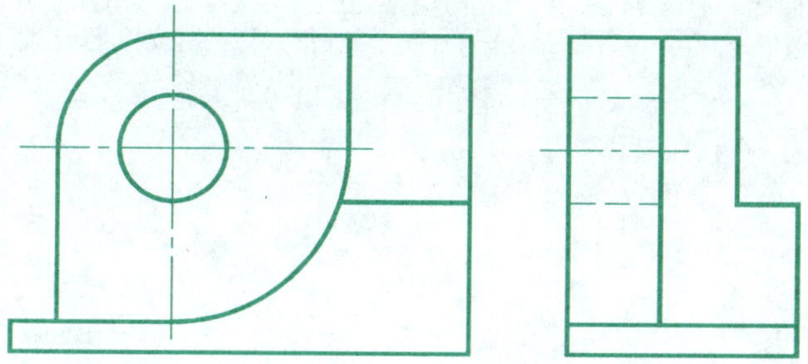

14-11 补画左侧立面图。

14-12 补画平面图。

14-13 补画左侧立面图。

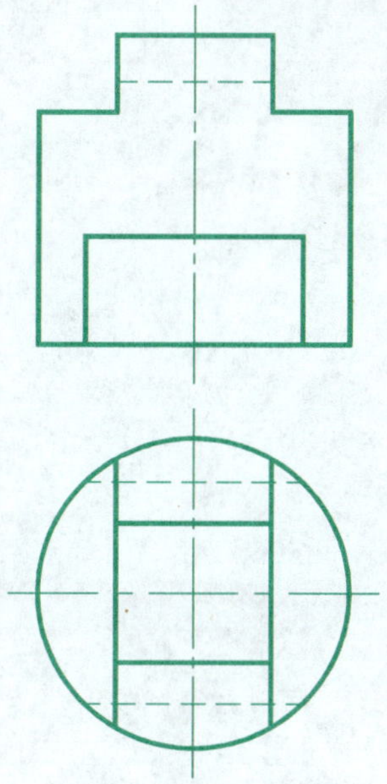

14-14 补画立面图。

14-15 补画左侧立面图。

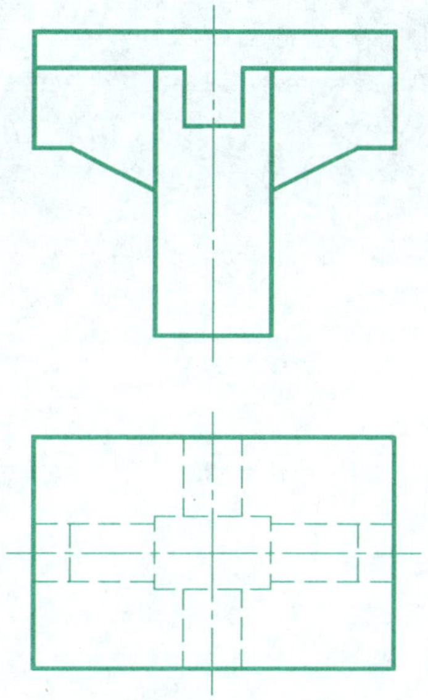

14-16 补画左侧立面图。

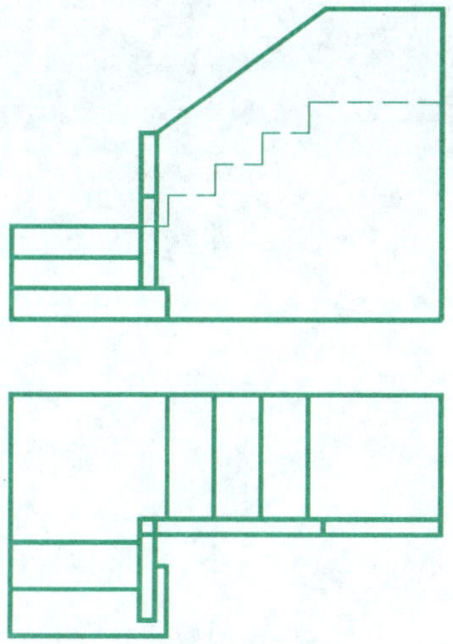

14-17 补全投影图中所缺的线条。

14-18 补全投影图中所缺的线条。

14-19 补全投影图中所缺的线条。

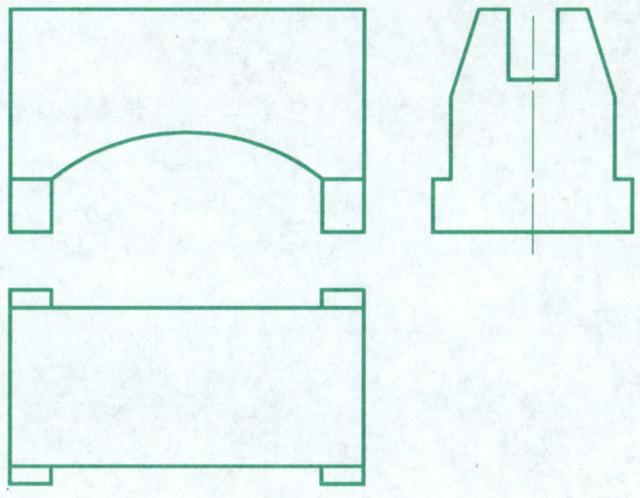

14-20 已知三视图，补画全六面基本视图，并标出图名。

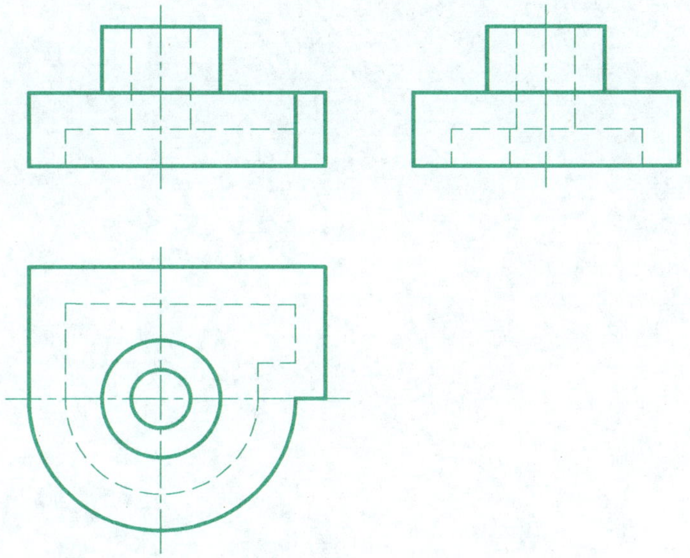

14-21 根据组合体轴测图，用比例 1:1 画出立体在第三分角的三视图（尺寸单位：mm）。

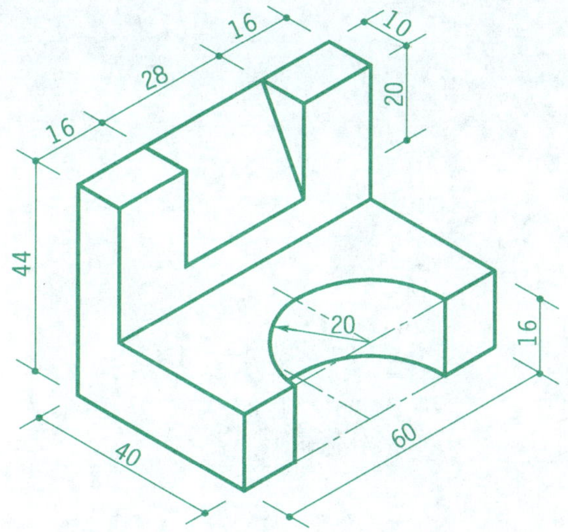


| | | | | | | | | |
|---|---|---|---|---|---|---|---|---|
| 十四 | 组合体的投影(四) | 专业 | 班 | 姓名 | 学号 | 日期 | 评阅 | 成绩 |

14-22 检查图中的错误，并在右图中标注(尺寸单位：mm)。

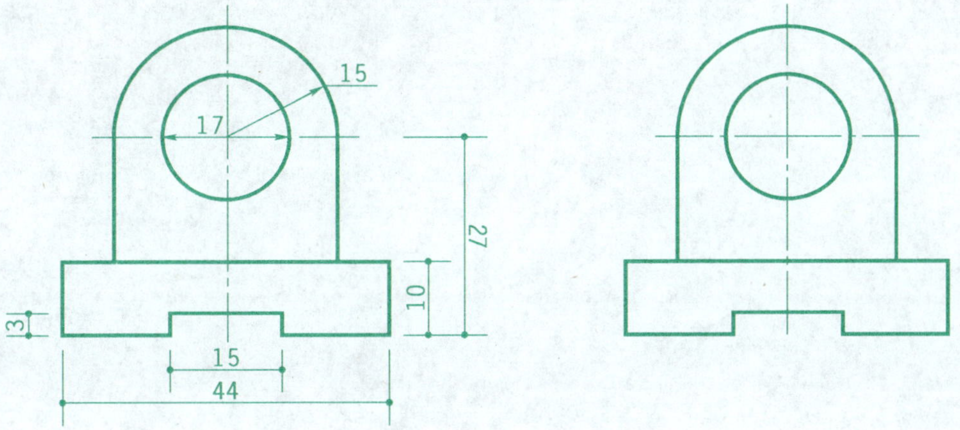


14-23 标注组合体的尺寸，数字以图中按比例 1:10 度量，取整数。

14-24 标注几何体的尺寸，数字以图中按比例 1:10 度量，取整数。

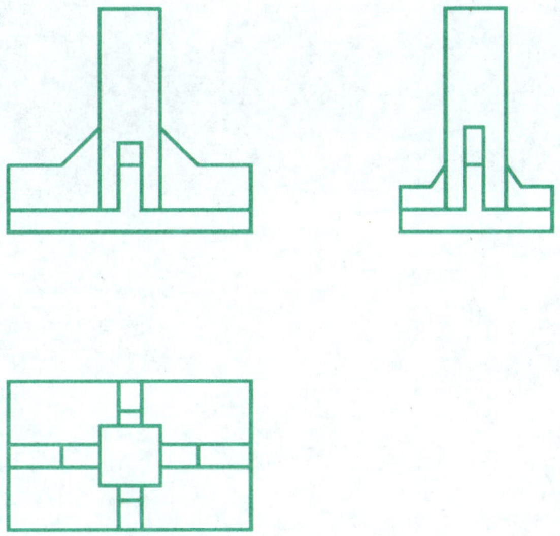

14-25 标注组合体的尺寸，数字以图中按比例 1:2 度量，取整数。

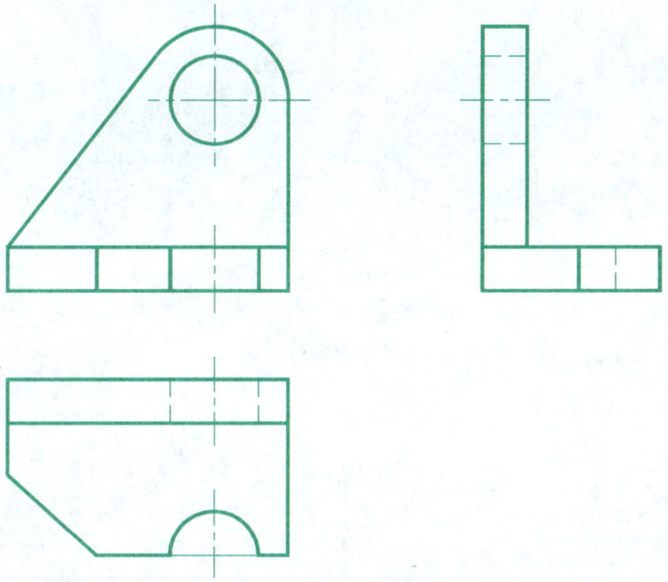

| | | | | | | | | |
|---|---|---|---|---|---|---|---|---|
| 十四 | 组合体的投影(五) | 专业 | 班 | 姓名 | 学号 | 日期 | 评阅 | 成绩 |

15-1 食堂一层平面图(尺寸单位:mm;标高单位:m)。

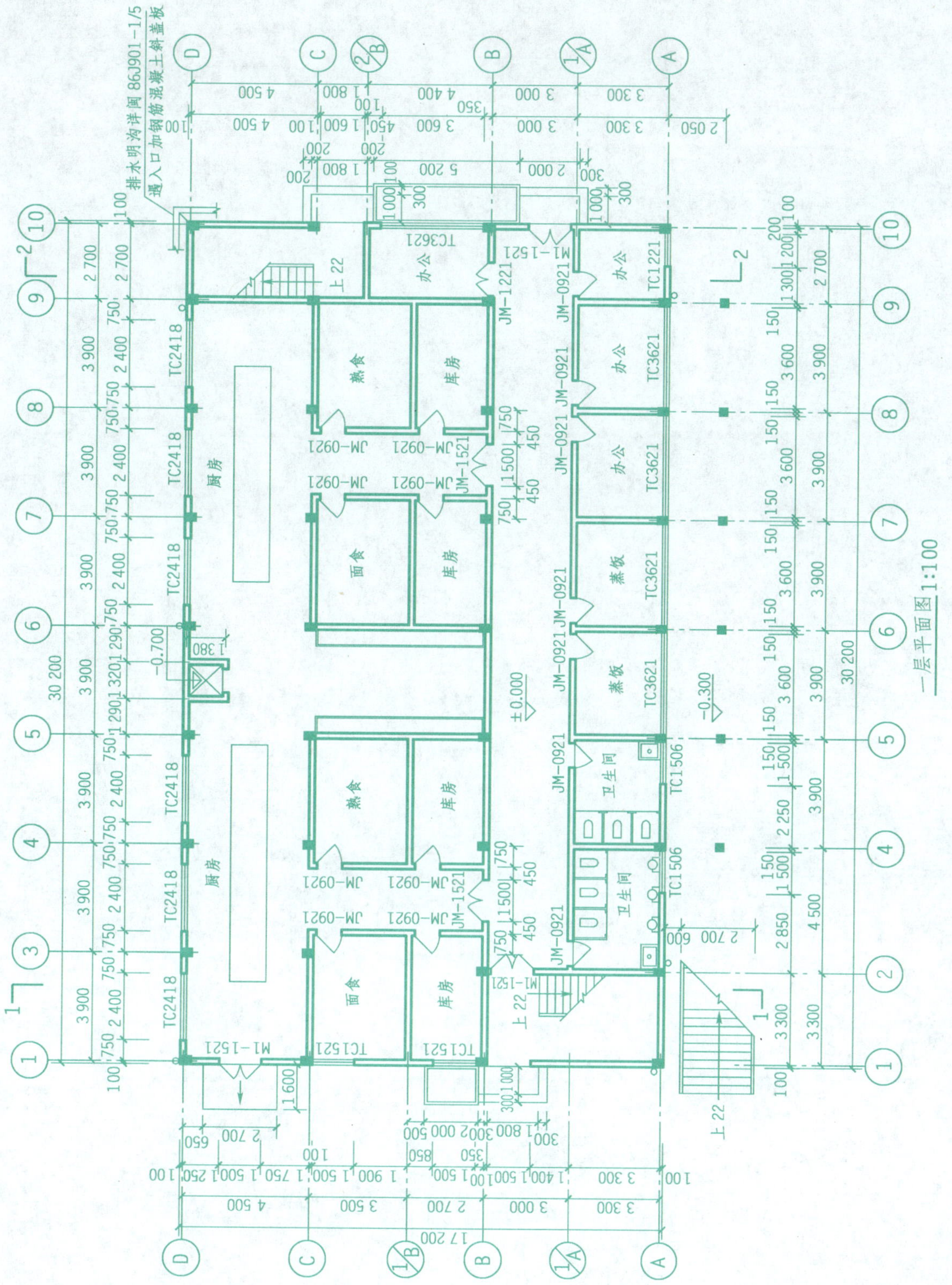


15-2 食堂二层平面图(尺寸单位:mm;标高单位:m)。

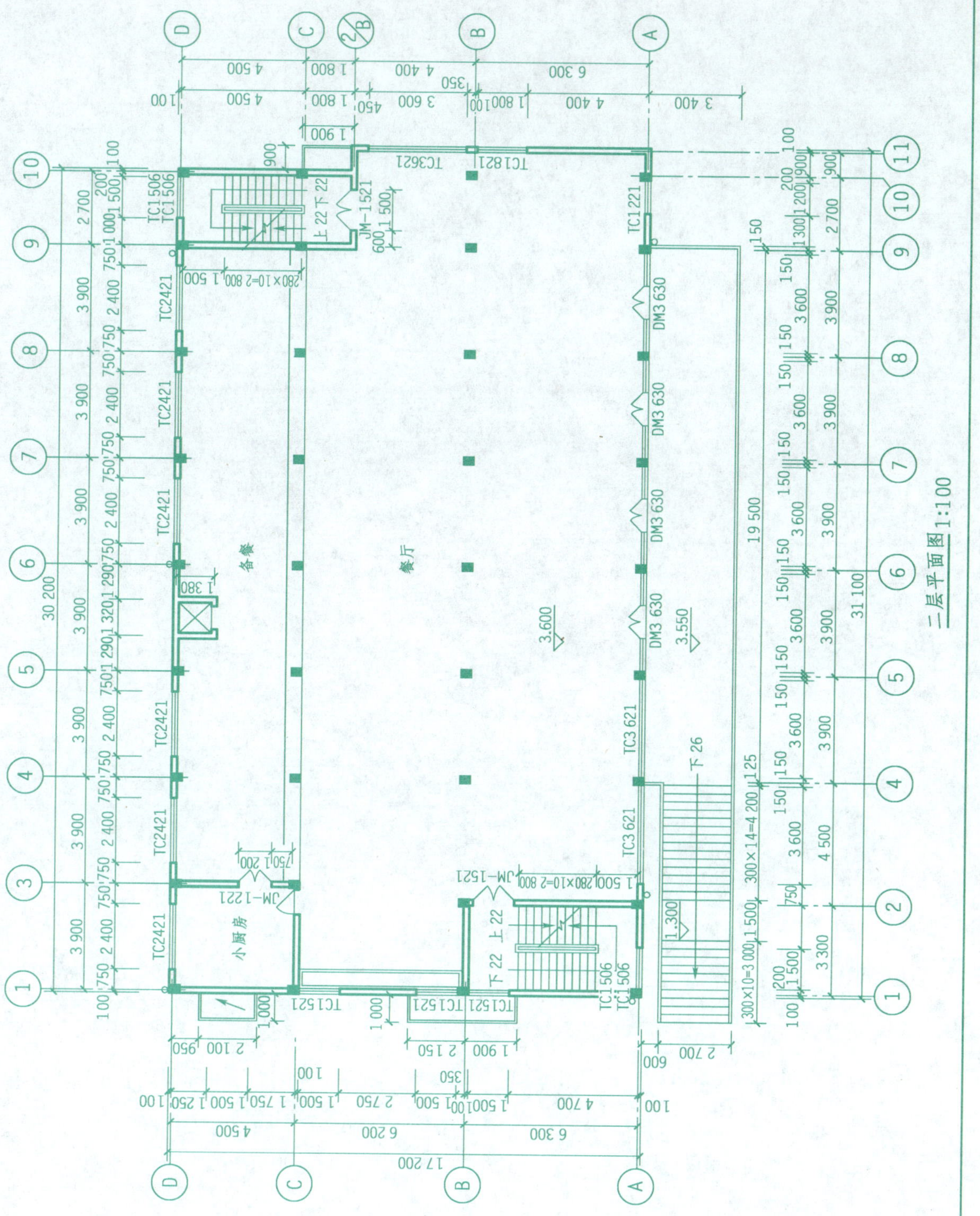


| 十五 | 房屋建筑图(一) | 专业 | 班 | 姓名 | 学号 | 日期 | 评阅 | 成绩 |
|---|---|---|---|---|---|---|---|---|

15-3 食堂三层平面图(尺寸单位:mm;标高单位:m)。

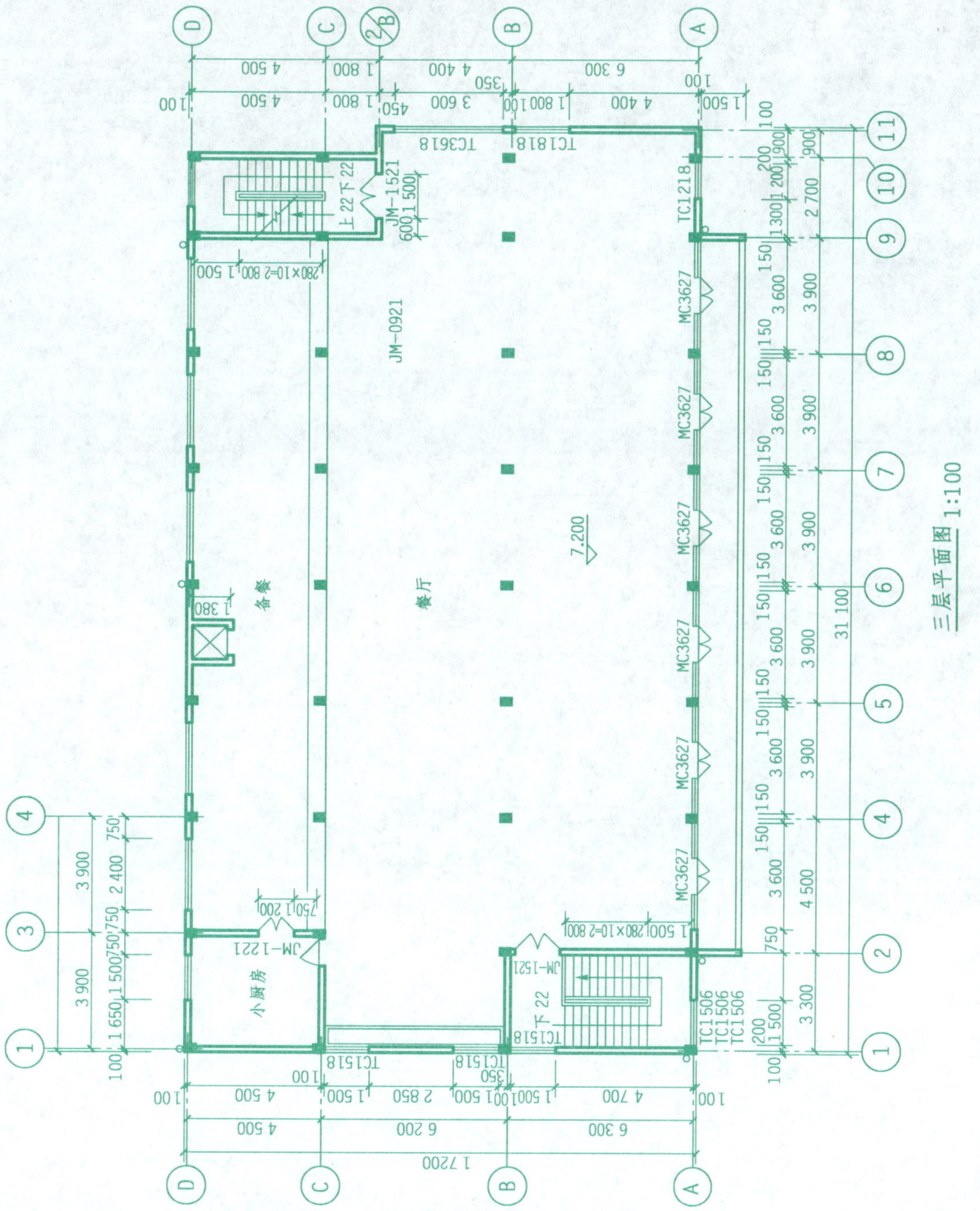


15-4 食堂屋顶平面图(尺寸单位:mm;标高单位:m)。

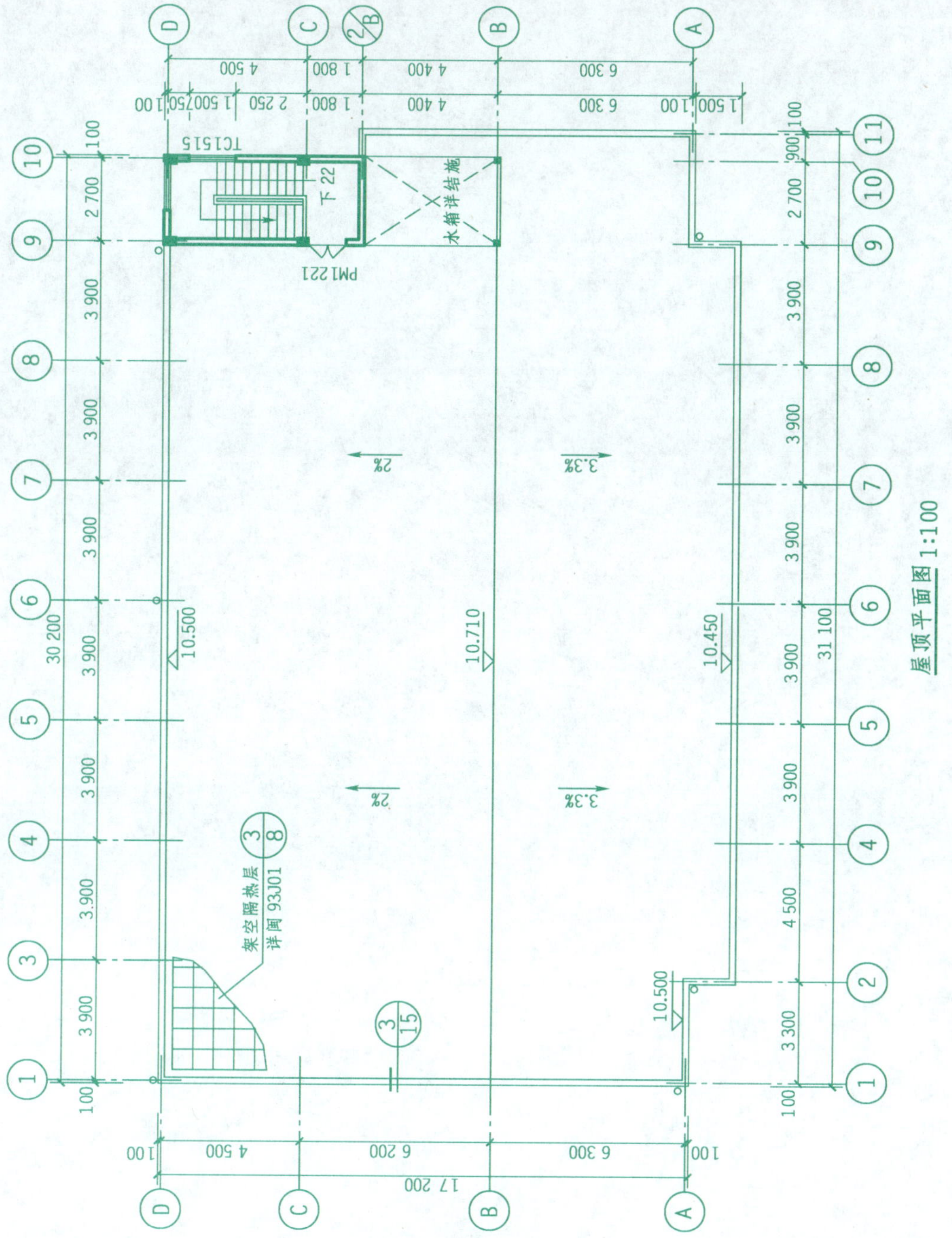


| 十五 | 房屋建筑图(二) | 专业 | 班 | 姓名 | 学号 | 日期 | 评阅 | 成绩 |
|---|---|---|---|---|---|---|---|---|

15-5 食堂南立面图(标高单位:m)。

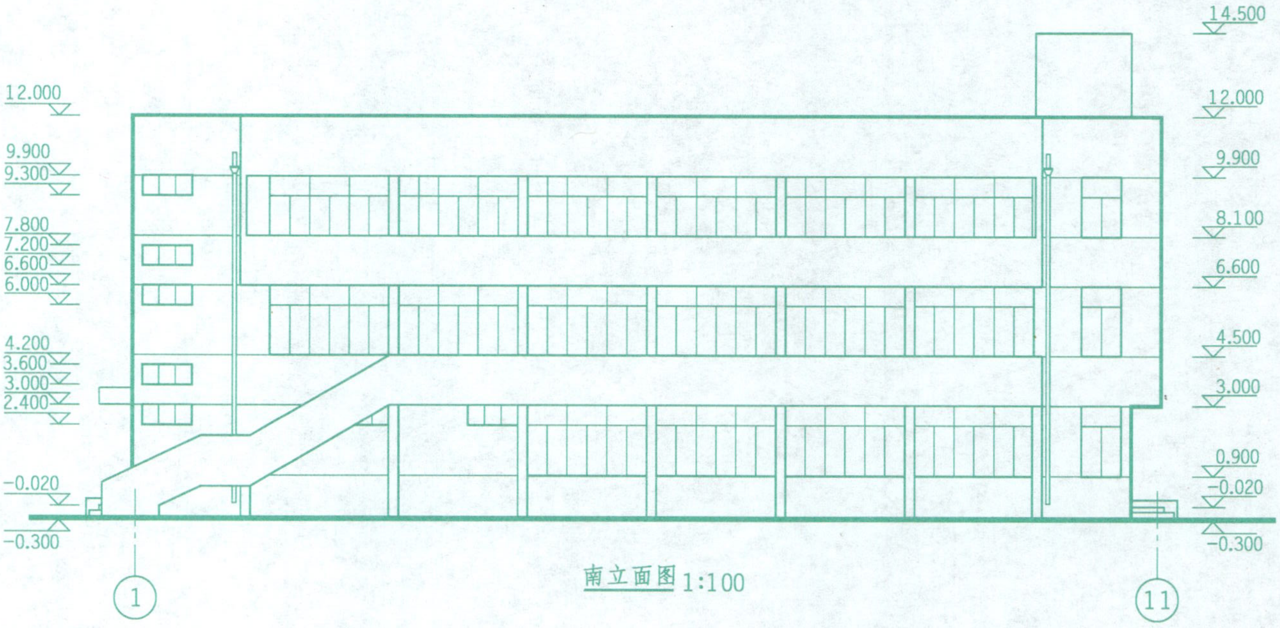


南立面图 1:100

15-6 食堂东立面图(标高单位:m)。

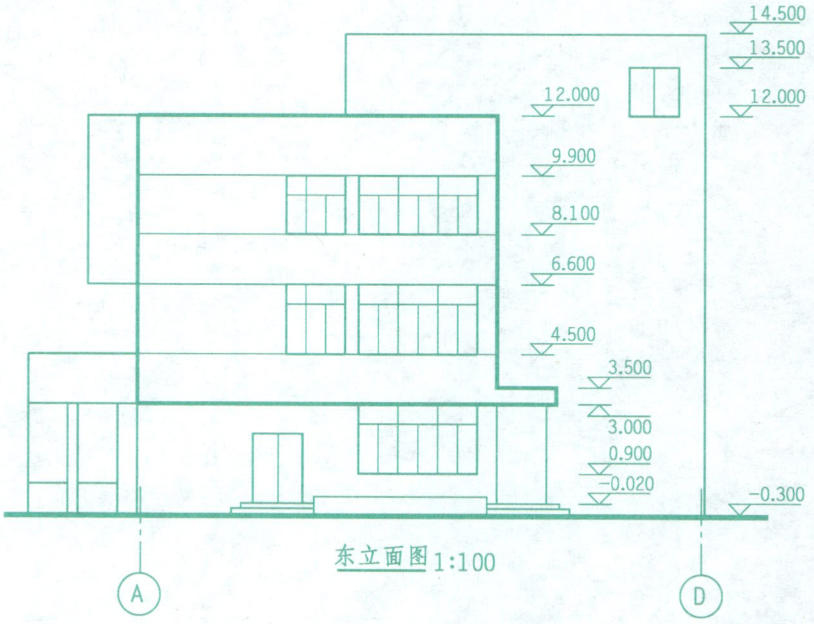


东立面图 1:100

15-7 食堂 1-1 剖面图(尺寸单位:mm;标高单位:m)。

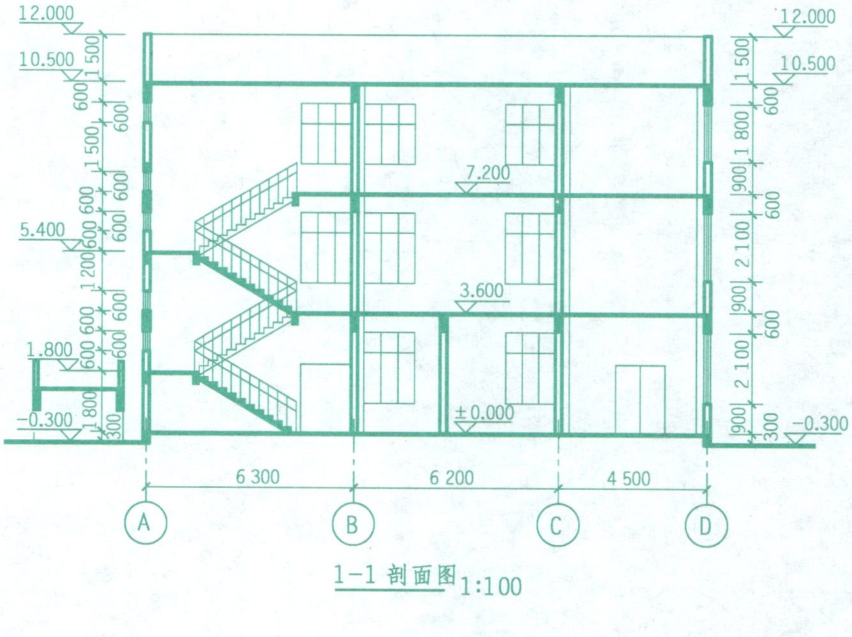


1-1 剖面图 1:100

15-8 墙身大样图。

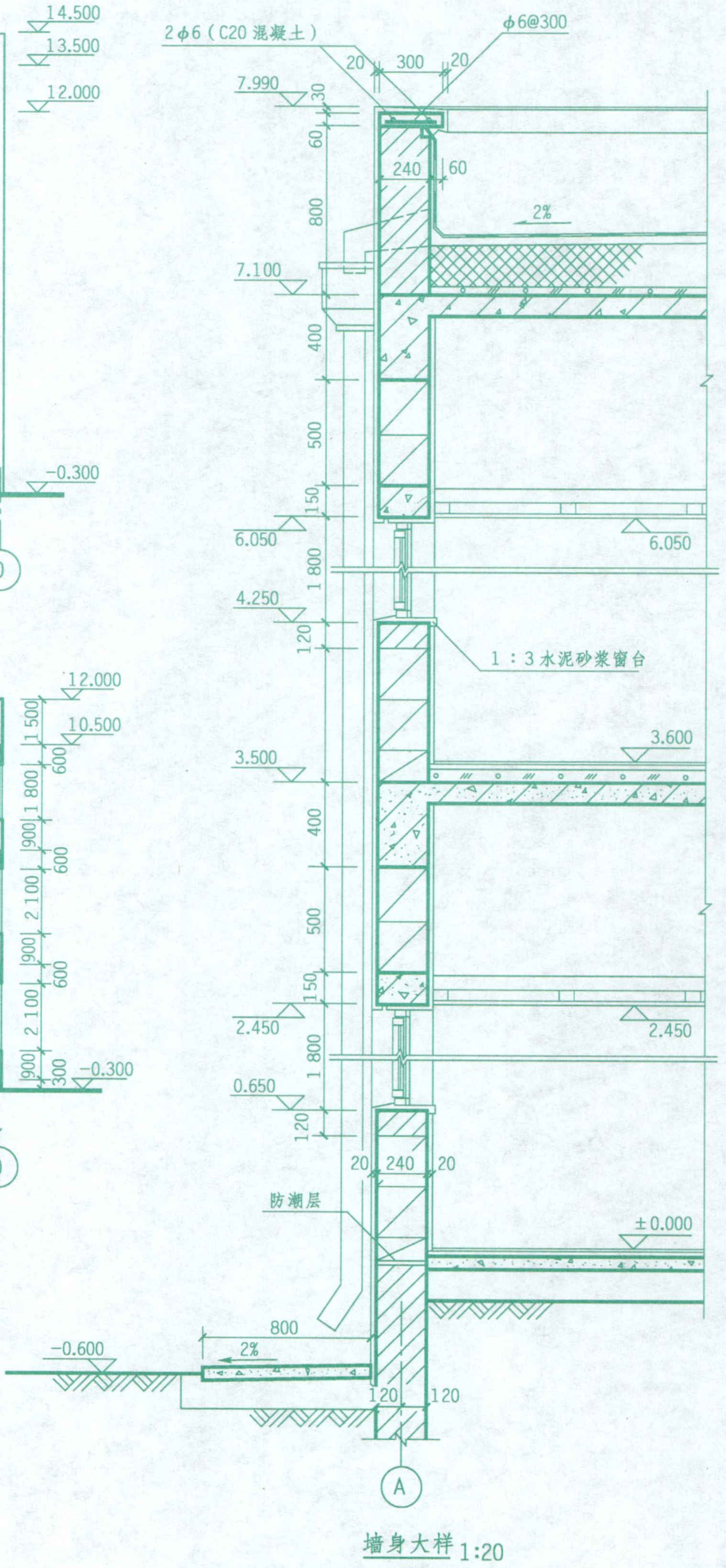


墙身大样 1:20

作业一:
1. 阅读食堂建筑施工图。
2. 补全三层平面图。
3. 抄绘首层平面图,南立面图。
4. 补绘 2-2 剖面图,北立面图。
5. 用 A2 幅面布图,其他内容自定。

作业二:
1. 阅读墙身大样图。
2. 抄绘墙身大样图。
3. 补绘墙身轴测图。
4. 用 A3 幅面布图。

| 十五 | 房屋建筑图(三) | 专业 | 班 | 姓名 | 学号 | 日期 | 评阅 | 成绩 |
|---|---|---|---|---|---|---|---|---|

15-9 楼梯间详图(尺寸单位:mm;标高单位:m)。

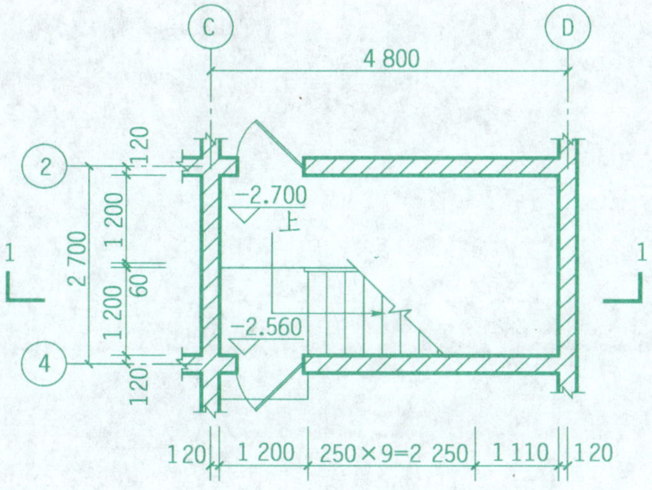


地下层平面图 1:50

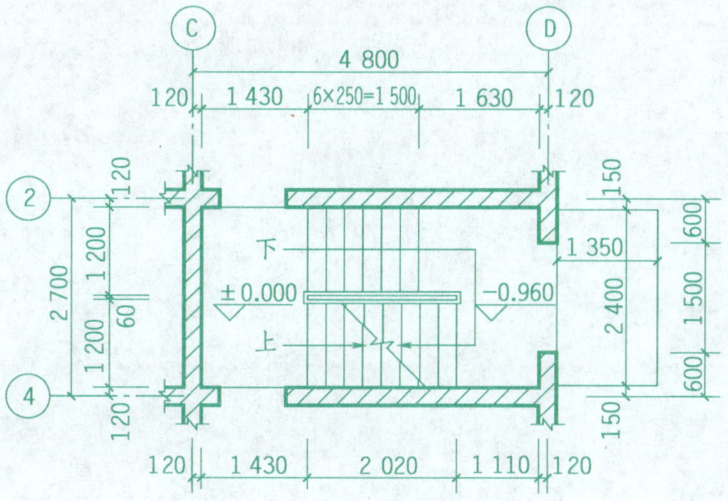


底层平面图 1:50

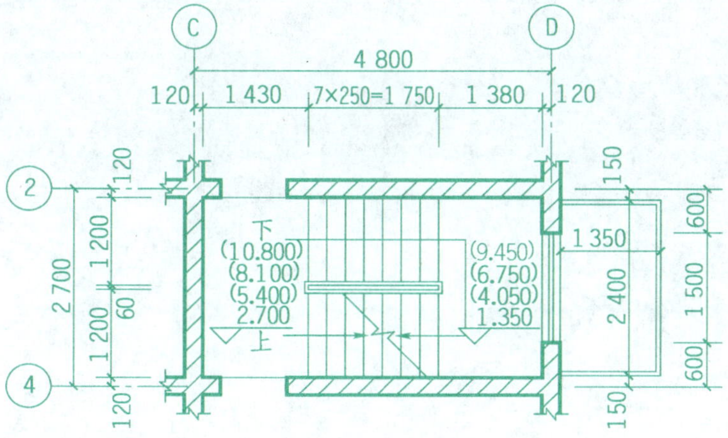


标准层平面图 1:50

______

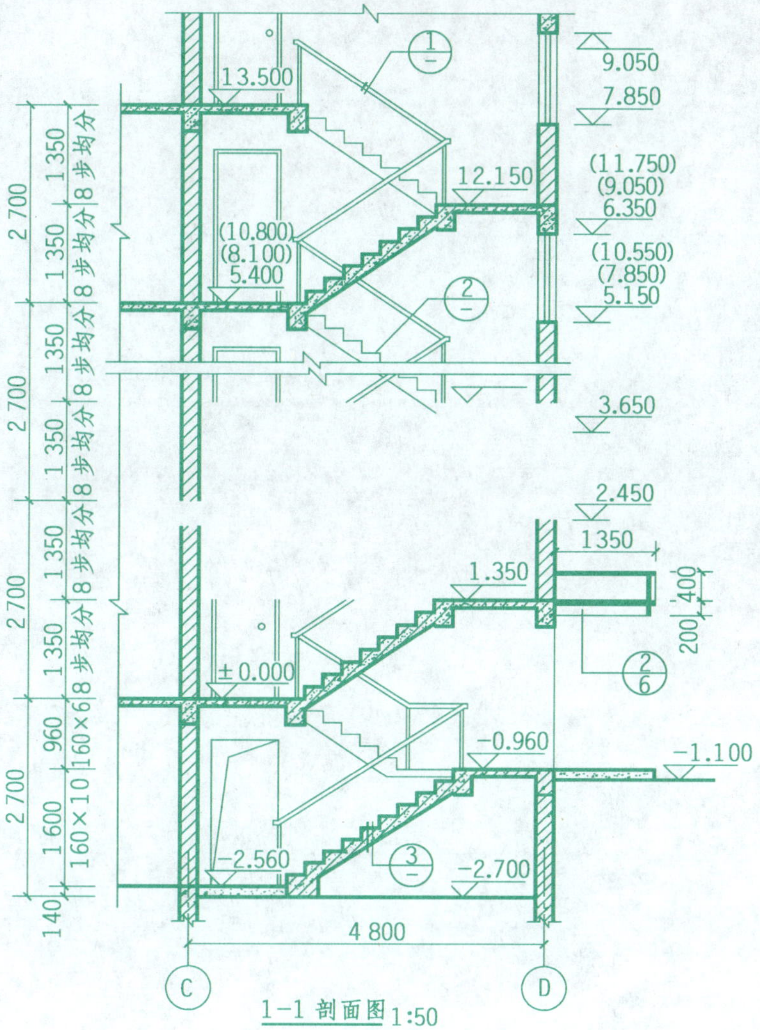


1-1 剖面图 1:50

作业三:
1. 阅读楼梯间详图。
2. 补全顶层平面图及 1-1 剖面图。
3. 用 A2 图幅抄绘楼梯间详图。

| 十五 | 房屋建筑图(四) | 专业 | 班 | 姓名 | 学号 | 日期 | 评阅 | 成绩 |
|---|---|---|---|---|---|---|---|---|

16-1 请补全地面线（细线）、设计线（粗线）和填、挖标高数字。

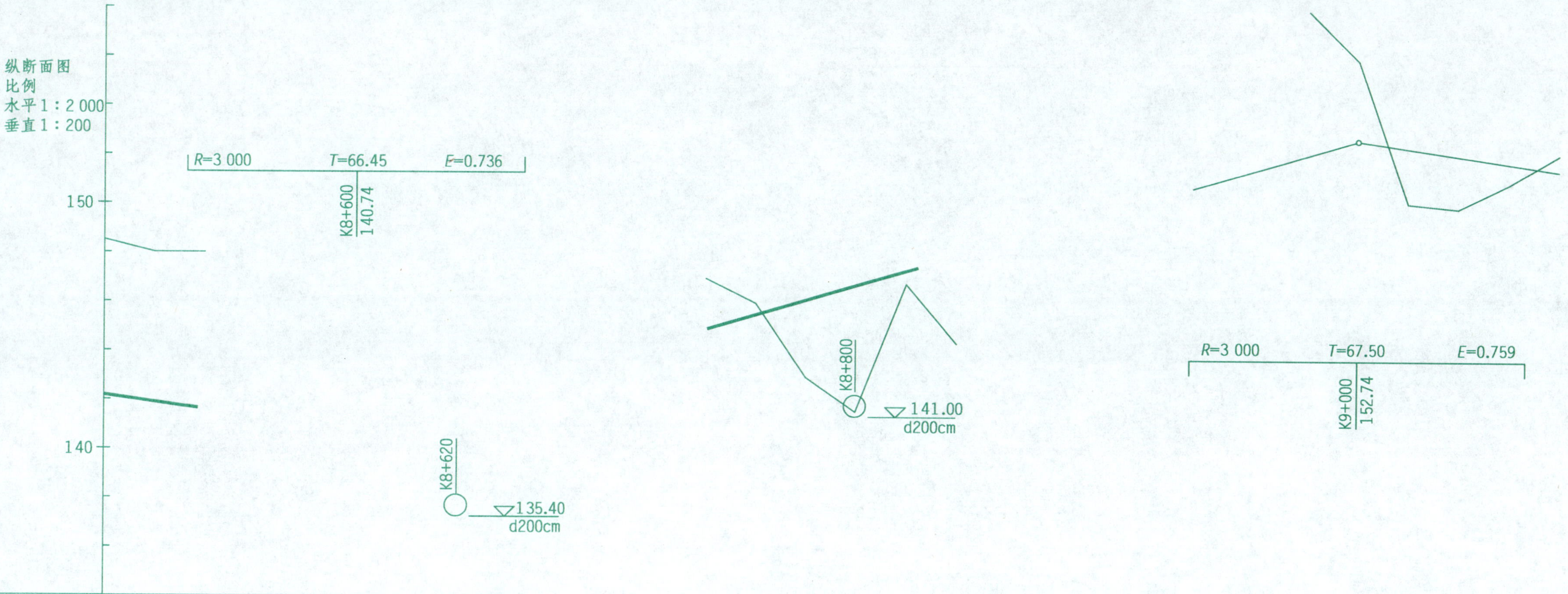


| 桩号 | K8+500 | +520 | +540 | +560 | +580 | +600 | +620 | +640 | +660 | +680 | +700 | +720 | +740 | +760 | +780 |
|---|---|---|---|---|---|---|---|---|---|---|---|---|---|---|---|
| 地质情况 | | | | | | | | | | | | | | | |
| 填高(m) | | | | | | | | | | | | | | | |
| 挖深(m) | | | | | | | | | | | | | | | |
| 设计标高(m) | 142.17 | 141.88 | 141.61 | 141.43 | 141.39 | 141.48 | 141.70 | 142.06 | 142.55 | 143.14 | 143.74 | 144.34 | 144.94 | 145.54 | 146.14 |
| 原地面高(m) | 148.50 | 149.00 | 148.00 | 147.00 | 144.50 | 141.00 | 138.00 | 136.00 | 138.00 | 144.00 | 145.00 | 146.20 | 147.00 | 146.00 | 143.00 |

| 桩号 | +800 | +820 | +840 | +860 | +880 | +900 | +920 | +940 | +960 | +980 | K9+000 | +020 | +040 | +060 | +080 |
|---|---|---|---|---|---|---|---|---|---|---|---|---|---|---|---|
| 地质情况 | | | | | | | | | | | | | | | |
| 填高(m) | | | | | | | | | | | | | | | |
| 挖深(m) | | | | | | | | | | | | | | | |
| 设计标高(m) | 146.74 | 147.34 | 147.94 | 148.54 | 149.14 | 149.74 | 150.34 | 150.93 | 151.41 | 151.76 | 151.98 | 152.06 | 152.01 | 151.83 | 151.54 |
| 原地面高(m) | 141.60 | 146.80 | 144.40 | 147.00 | 150.20 | 153.00 | 154.00 | 154.60 | 156.80 | 158.00 | 156.00 | 150.20 | 150.00 | 151.00 | 152.20 |

坡度(%) / 距离(m)：-1.43 / 420；+3.00 / 400；-1.50 / 410

平曲线：JD9 R=600

| 十六 | 道路路线工程图(一) | 专业 | 班 | 姓名 | 学号 | 日期 | 评阅 | 成绩 |
|---|---|---|---|---|---|---|---|---|

16-2 如附图所示为按回旋线测设缓和曲线的弯道示意图，试根据示意图上所示的各元素，试按 1:1000 比例画出某公路交点 $JD_{11}$ 的弯道路线图，并求出各特征桩 ZH、HY、QZ、YH 和 HZ 的桩号。交点 $JD_{11}$ 桩号为 K9+921.51。

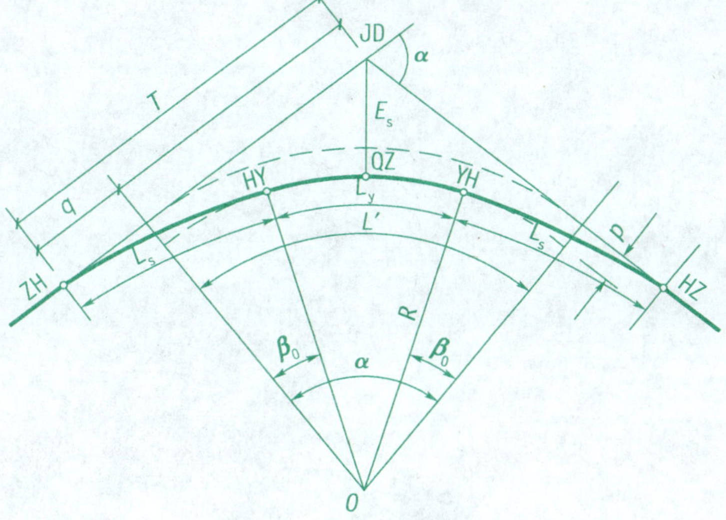


附图　按回旋线测设缓和曲线

附注：$\alpha_{左}=12°45'06''$　$R=600m$　$L_s=70m$

并已知各相关公式为　$\beta_0=28.6479\dfrac{L_s}{R}(°)$

引入缓和曲线后内移值　$p=\dfrac{L_s^2}{24R}-\dfrac{L_s^4}{2384R^3}$

缓和曲线的切线增值　$q=\dfrac{L_s}{2}-\dfrac{L_s^3}{240R^2}$

则　$T=(R+p)\tan\dfrac{\alpha}{2}+q$

$L=(\alpha-2\beta_0)\dfrac{\pi}{180}R+2L_s$

$E=(R+p)\sec\dfrac{\alpha}{2}-R$

$J=2T-L(m)$

$J$——切线与弧线的差值。

| 十六 | 道路路线工程图(二) | 专业 | 班 | 姓名 | 学号 | 日期 | 评阅 | 成绩 |
|---|---|---|---|---|---|---|---|---|

16-3 根据附图所示，按 1:2000 比例画出立体交叉的公路平面图(尺寸单位：m)。

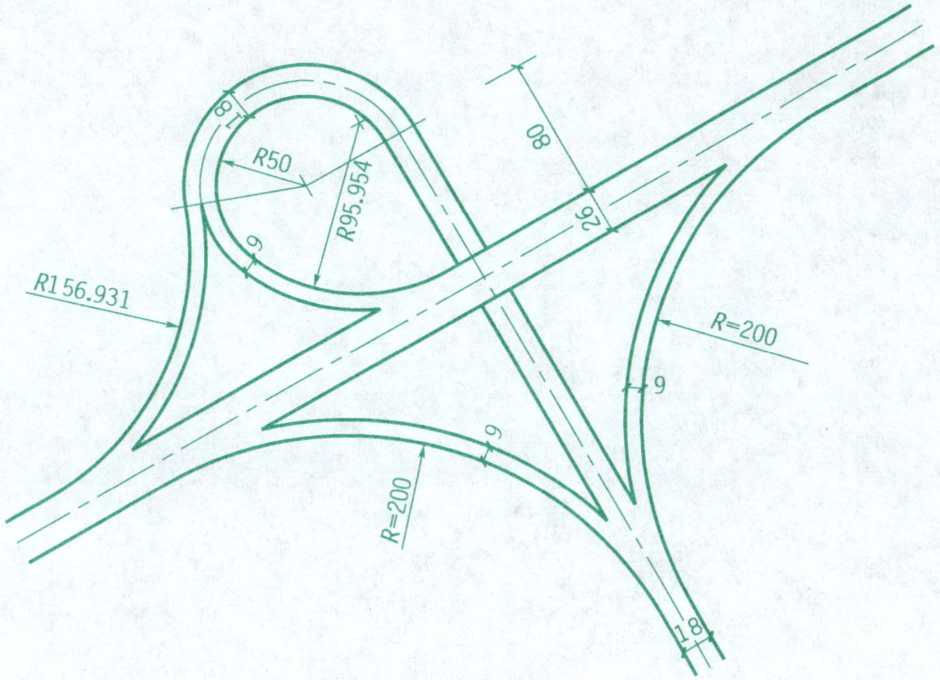


附图　立体交叉平面示意图

立体交叉公路

| 十六 | 道路路线工程图(三) | 专业　　　班 | 姓名 | 学号 | 日期 | 评阅 | 成绩 |
| --- | --- | --- | --- | --- | --- | --- | --- |

# 作业指示书

## 作业　桥梁总体布置图及隧道明洞衬砌断面图

一、目的

1. 熟悉桥梁布置图、隧道断面图的内容和绘制要求。
2. 掌握绘制桥梁布置图的方法和步骤。
3. 掌握绘制隧道断面图的方法和步骤。

二、内容

分题一：抄绘习题集 17–1 中标准跨径 3–16 的钢筋混凝土空心板中桥的总体布置图。

分题二：抄绘习题集 17–2 隧道衬砌断面图。

三、要求

1. AutoCAD 绘制：图幅 A3，图标格式按习题集 17–1 题中桥总体布置图及 17–2 题隧道衬砌断面图。

2. 图名：××中桥桥型布置图或隧道明洞衬砌断面图。

3. 比例：总体布置图 1:400；隧道明洞衬砌断面图 1:100。

4. 图线：梁、墩、台、隧道主体轮廓线宽度为 0.4mm，防撞栏、尺寸线、河床线等为计算机内 AutoCAD 软件本身细线（铅笔图 0.1mm）。

5. 字体和符号：

全图各图名字高 5(4)mm，字母、尺寸数字字高 2.5~3.0mm，其余汉字字高 5(4)mm；图标题栏内字高 7(5)mm；所有字体宽度系数 0.75；立面图中定位线的圆圈直径为 6~8mm；高程符号为 45°等腰直角三角形，高 2mm。括号内为 CAD 绘图字高，所有字体、符号全图统一。

四、说明

分题一：

1. 立面图中，桥台、桥墩左右对称。立面图采用半剖面图，平面图采用分层局部剖面图图示。
2. 立面图中右侧防撞栏可不画，也不画锥坡，但应画出台内的搭板示意图。
3. 空心板梁高 70cm，每块板宽包括缝宽 100cm，边板外悬臂宽 37.5cm，总体图中只表示空心板块数，板块中可不画挖空圆孔和接缝。
4. 桥墩、桥台的立柱、承台、墩帽尺寸可参照教材中图 17–9 及图 17–6。

分题二：

1. 洞内路面只表示单向横坡。
2. 防水层请按图例符号表示。

附图一

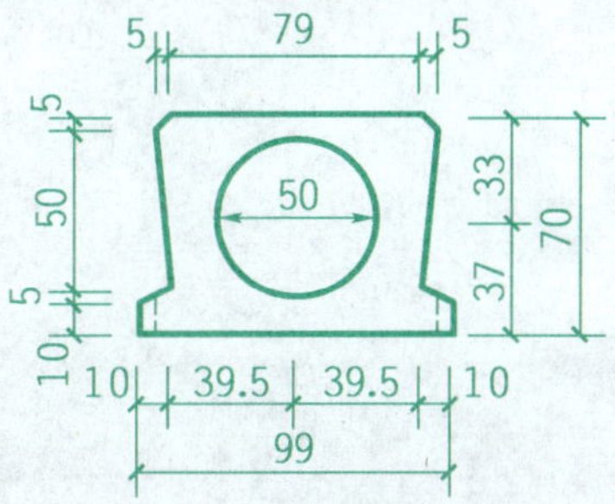


中板断面

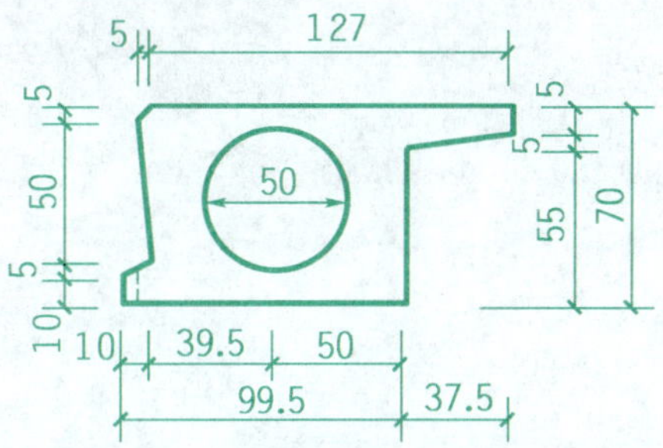


边板断面

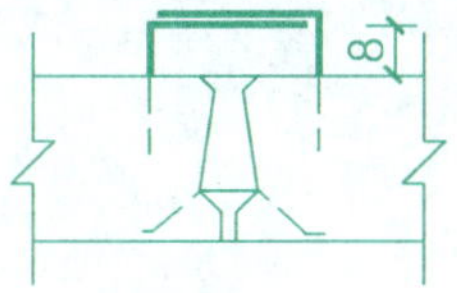


铰缝构造图

附图二

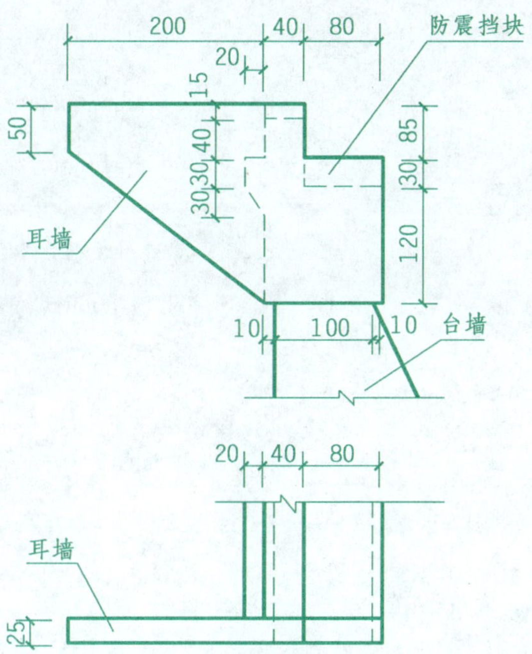


耳墙构造图

| 十七 | 桥隧涵工程图(一) | 专业 | 班 | 姓名 | 学号 | 日期 | 评阅 | 成绩 |
|---|---|---|---|---|---|---|---|---|

17–1 抄绘桥梁总体布置图。

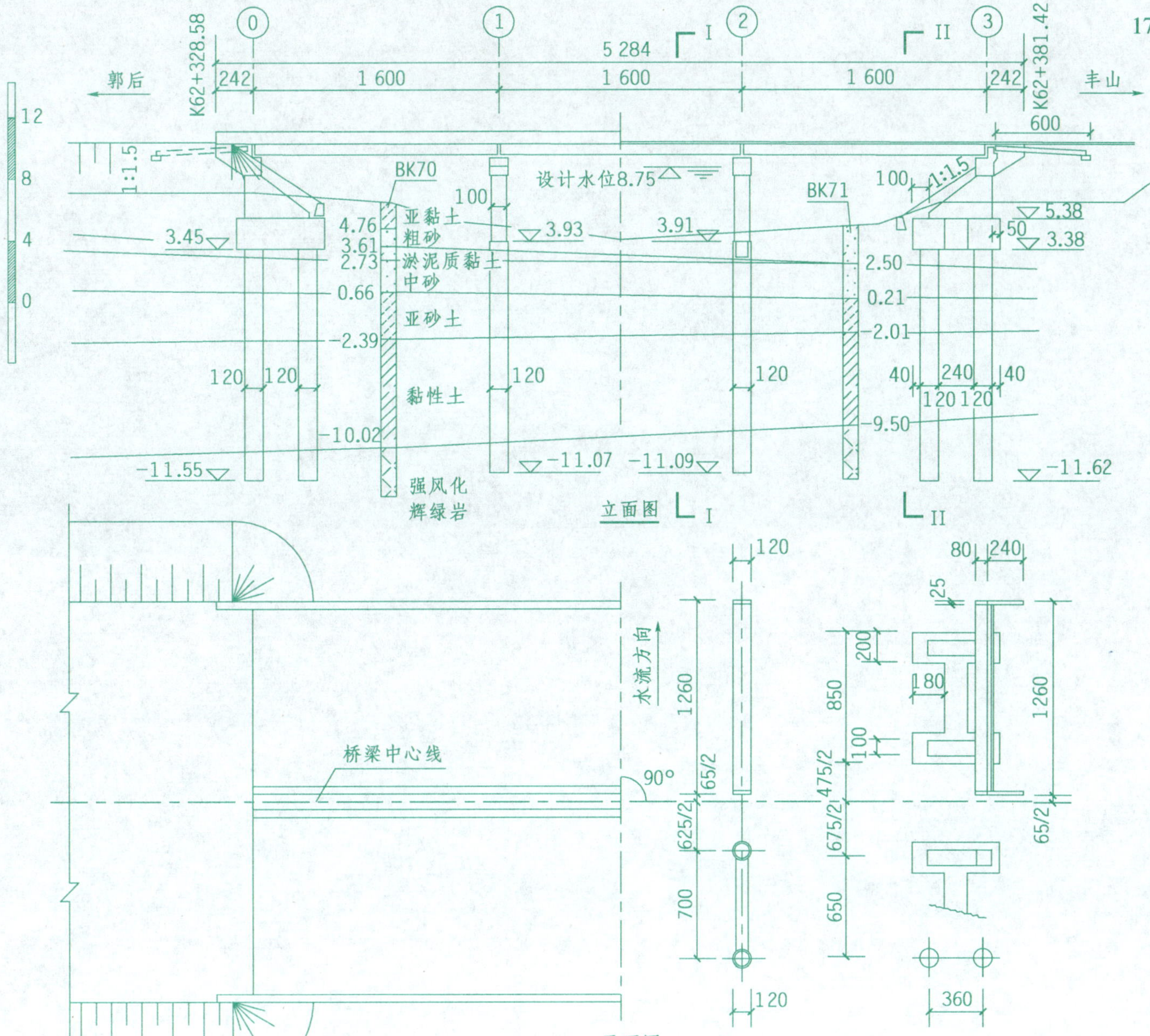


立面图

平面图

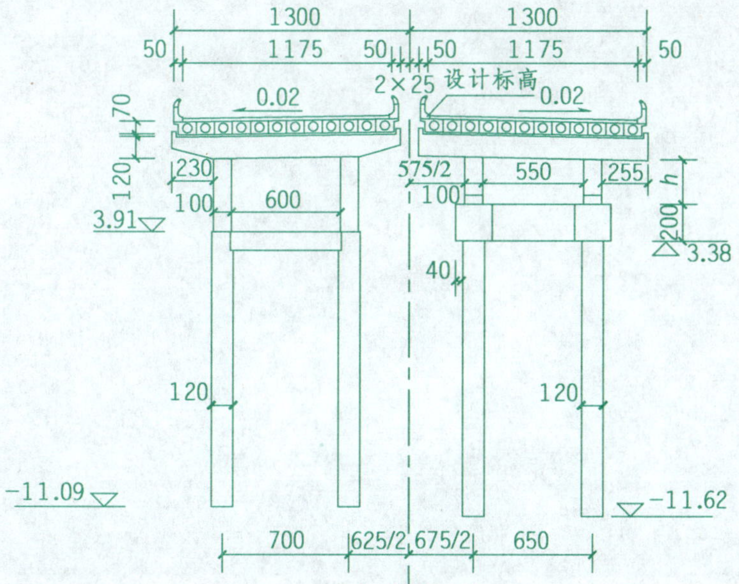


I—I II—II

| | K62+328.58 | +331 | +340 | +344 | +347 | +352 | +355 | +363 | +372 | +376 | +379 | +381.42 | +388 | +391 |
|---|---|---|---|---|---|---|---|---|---|---|---|---|---|---|
| 设计标高(m) | 10.58 | 10.58 | | | 10.55 | | 10.54 | 10.53 | | | 10.51 | 10.50 | | |
| 坡度(%) | −0.15% | | | | | | | | | | | | | |
| 坡长(m) | 350 | | | | | | | | | | | | | |
| 地面标高(m) | 7.10 | 7.10 | 6.50 | 5.30 | | 4.50 | 4.10 | | 5.10 | 6.50 | | | 6.50 | 8.70 |
| 桩号 | K62+328.58 | +331 | +340 | +344 | +347 | +352 | +355 | +363 | +372 | +376 | +379 | +381.42 | +388 | +391 |

说明：

1. 本图尺寸：标高以m计，其余以cm计。

2. 本桥上部采用3~16m预应力空心板，下部为柱式墩、肋式台、钻孔灌注桩基础。

3. 本图比例 1∶400。

17-2 抄绘隧道明洞衬砌断面图。

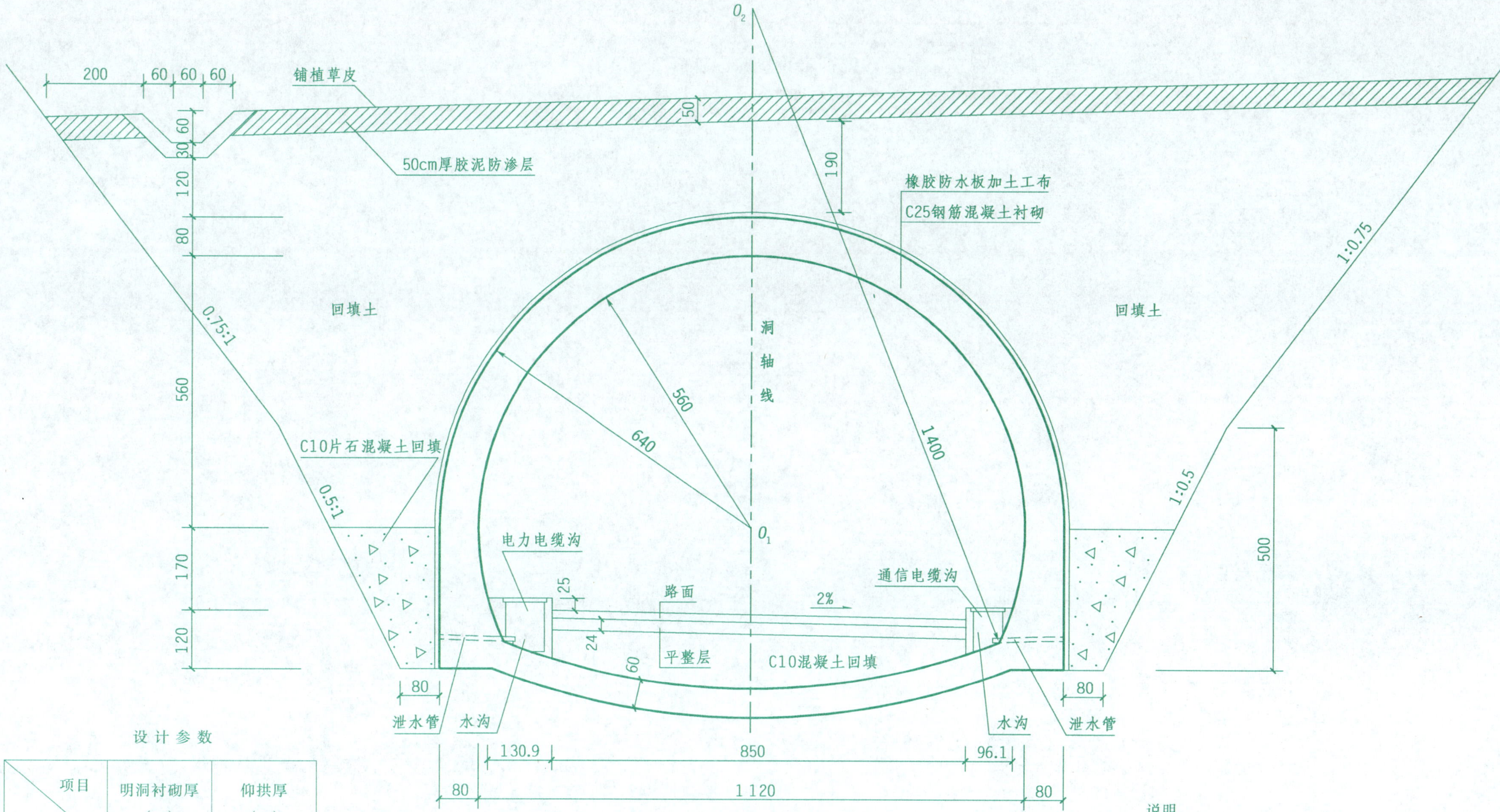


隧道断面衬砌构造图 1:100

设 计 参 数

| 项目<br>衬砌 | 明洞衬砌厚<br>(cm) | 仰拱厚<br>(cm) |
|---|---|---|
| S0 | 80 | 60 |

说明：

1. 本图为明洞衬砌。
2. 洞顶以上填土必须夯实，并有3%横坡排水。
3. 开挖时边坡若不稳定，可进行喷射混凝土临时稳定。
4. 本图尺寸以cm为单位，比例1:100。

| 十七 | 桥隧涵工程图(三) | 专业 | 班 | 姓名 | 学号 | 日期 | 评阅 | 成绩 |
|---|---|---|---|---|---|---|---|---|

# 作 业 指 示 书

## 作业　水闸设计布置图及水电站厂房布置图

一、目的

1. 熟悉水闸设计布置图、水电站厂房布置图的内容和绘制要求。
2. 掌握绘制水闸设计布置图的方法和步骤。
3. 掌握绘制水电站厂房布置图的方法和步骤。

二、内容

分题一：抄绘教材图 18-17 和习题集 18-1 水闸设计布置图。

分题二：抄绘习题集 18-2 水电站厂房布置图。

三、要求

1. AutoCAD 绘制：图幅 A3，图标格式按习题集 18-1 题及 18-2 题水电站厂房布置图。
2. 图名：××水闸设计图或水电站厂房布置图。
3. 比例：水闸布置图 1:100；水电站厂房布置图 1:200。
4. 图线：梁、闸墩、边墩、剖面剖切线和主体轮廓线宽度为 0.4mm，栏杆、尺寸线等为计算机内 AutoCAD 软件本身细线(铅笔图 0.1mm)。
5. 字体和符号：

全图各图名的字高 5(4)mm，字母、尺寸数字的字高 2~3.0mm，其余汉字字高 5(4)mm；图标题栏内字高 7(5)mm；所有字体宽度系数 0.75；立面图中定位线的圆圈直径为 8mm；标高符号为 45°等腰直角三角形，高 2mm。括号内为 CAD 绘图字高，所有字体、符号全图统一。

四、说明

分题一：

1. 立面图采用全剖面图，平面图采用分层局部剖视(拆卸画法)图图示。
2. 立面图中水闸工作桥、公路桥、栏杆采用示意画法，闸门设备省略不画。
3. 立面图、平面图必须标示必要的剖视、剖面图。
4. 闸室结构中间墩、边墩、底板的构造可参照习题集 18-1 题。
5. 闸室进出口翼墙轮廓线画粗线，坡面和扭面的示坡线画细线。填土和钢筋混凝土的符号均采用 45°斜细线，若为仪器画图，一定严格用 45°三角板均匀画出。
6. 浆砌块石符号仅画局部，无需全部画出。

分题二：

1. 厂房的图例参见第十五章房屋建筑图表示方法。
2. 水电站厂房发电机蜗壳尺寸参照习题集 18-2 题按比例量取。
3. 要求高程符号统一，尺寸齐整，线形规范，线形、符号参照教材第十二章取用。
4. 剖切位置应和各投影图一一对应。

| 十八 | 水利工程图(一) | 专业 | 班 | 姓名 | 学号 | 日期 | 评阅 | 成绩 |
|---|---|---|---|---|---|---|---|---|

18-1 水闸闸室结构图。

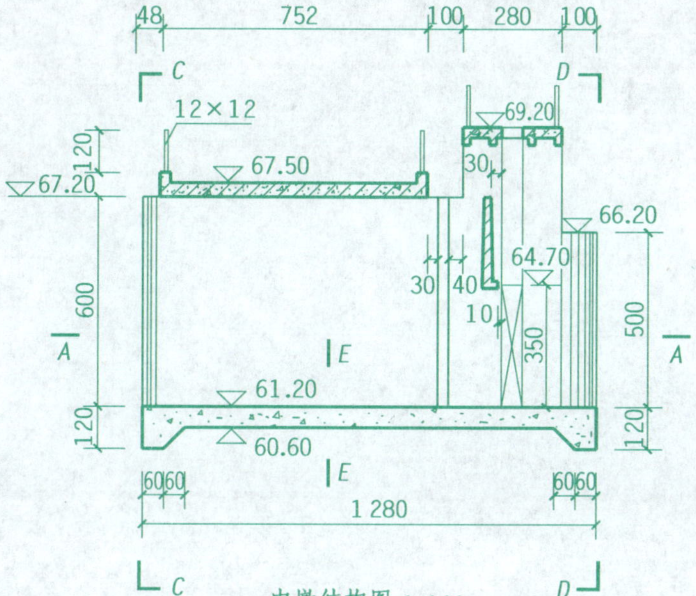


中墩结构图 1:100

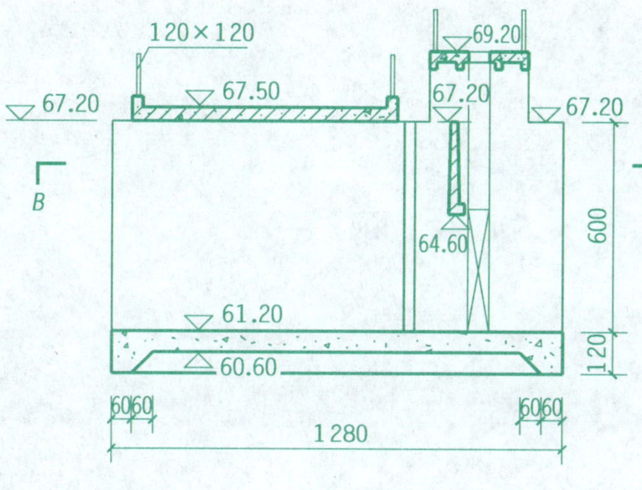


边墩结构图 1:100

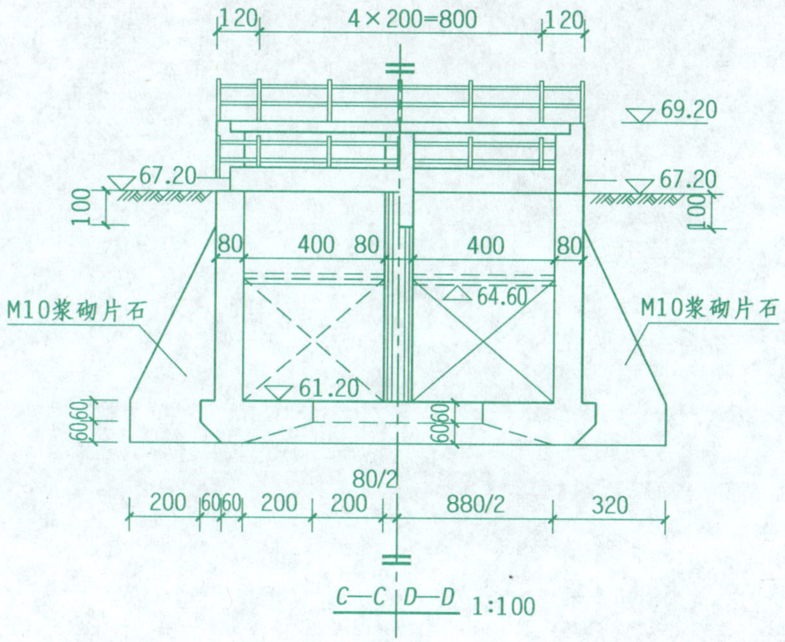


C—C D—D 1:100

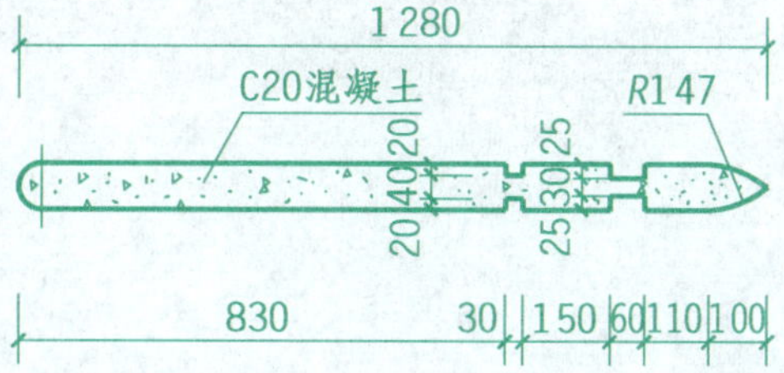


A—A 1:100

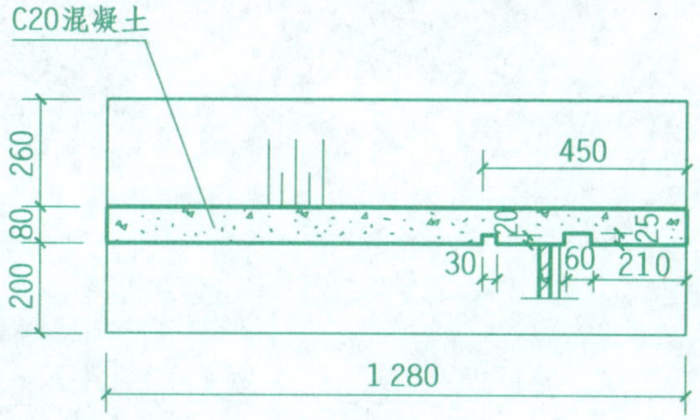


B—B 1:100

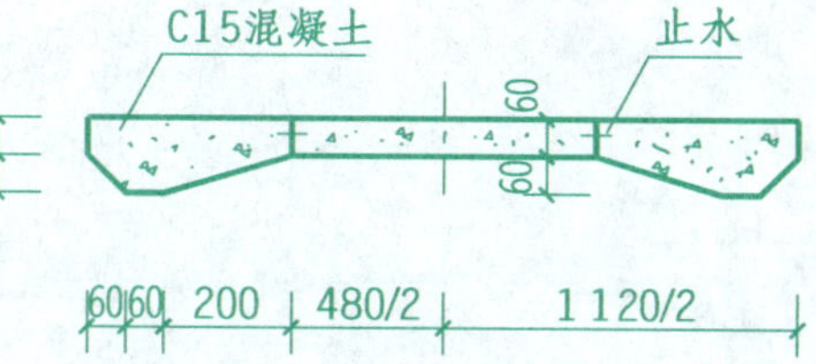


E—E 1:100

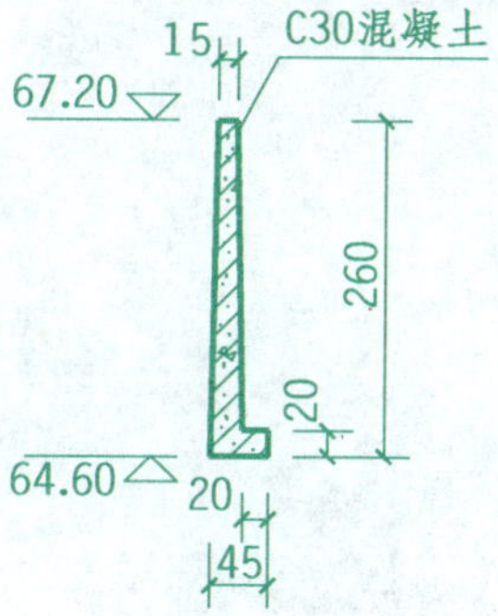


胸墙大样 1:50

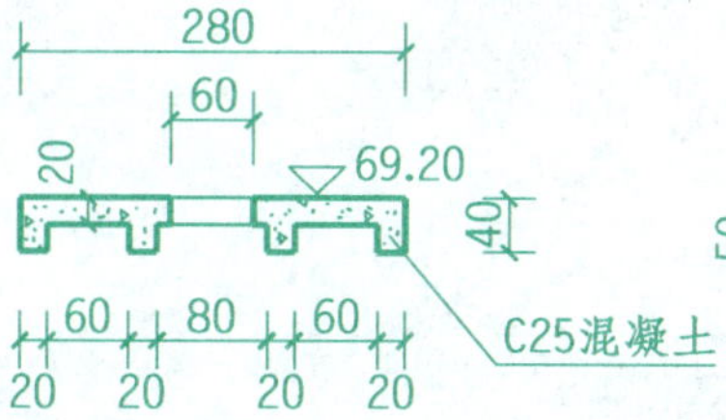


工作桥大样 1:50

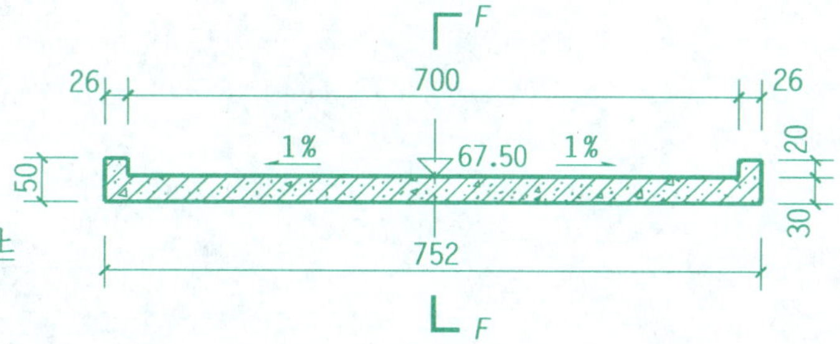


公路桥大样 1:50

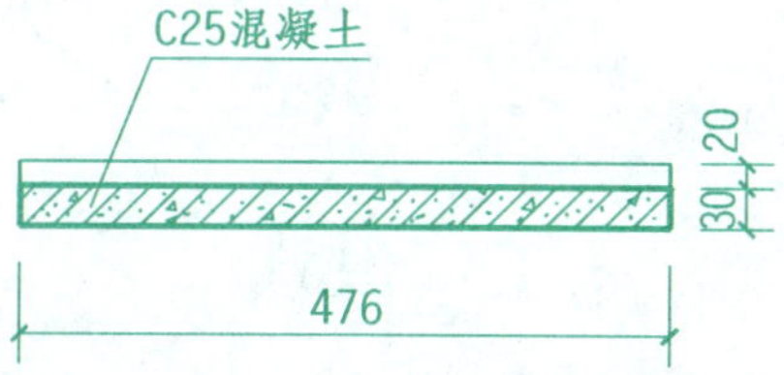


F—F 1:50

说明:

1. 参考教材中图 18-18，阅读本图,要求了解：

(1)水闸由哪些部分组成?各部分的结构形状、大小及所用建筑材料如何?

(2)图中采用了哪些常用的视图表达方法？

2. 根据布图的基本规则，按平、立、剖视图重新布图。

3. 本图尺寸：标高以m计,其余以cm计。

| 十八 | 水利工程图(二) | 专业 | 班 | 姓名 | 学号 | 日期 | 评阅 | 成绩 |
|---|---|---|---|---|---|---|---|---|

18-2 水电站厂房图。

B—B

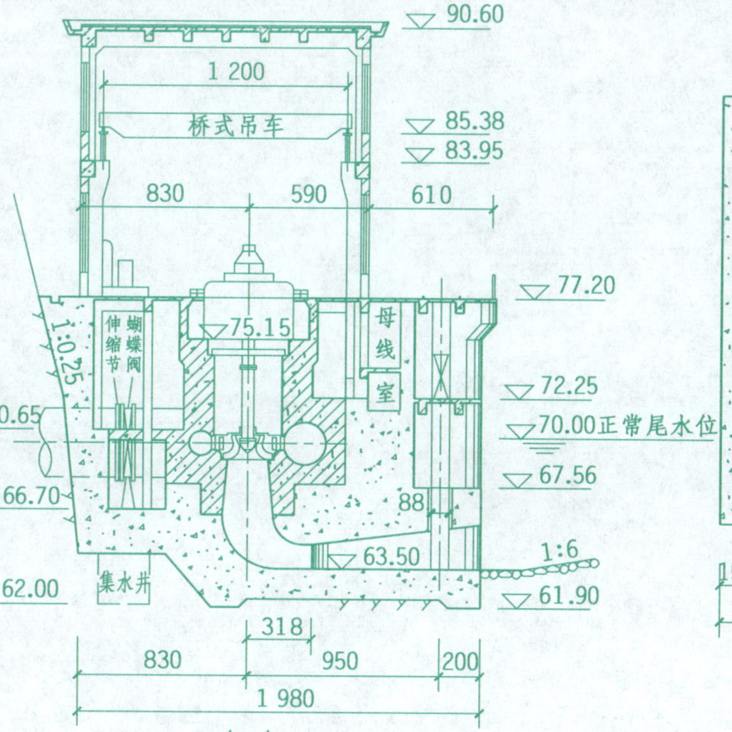


A—A

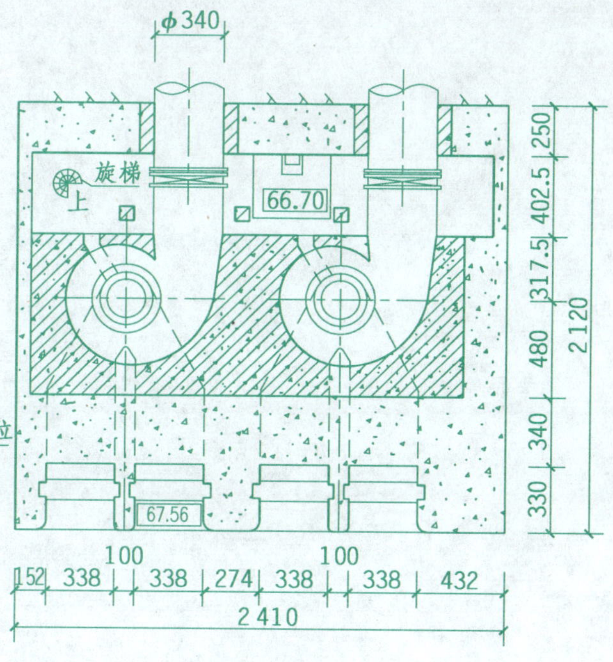


E—E (蜗壳层)

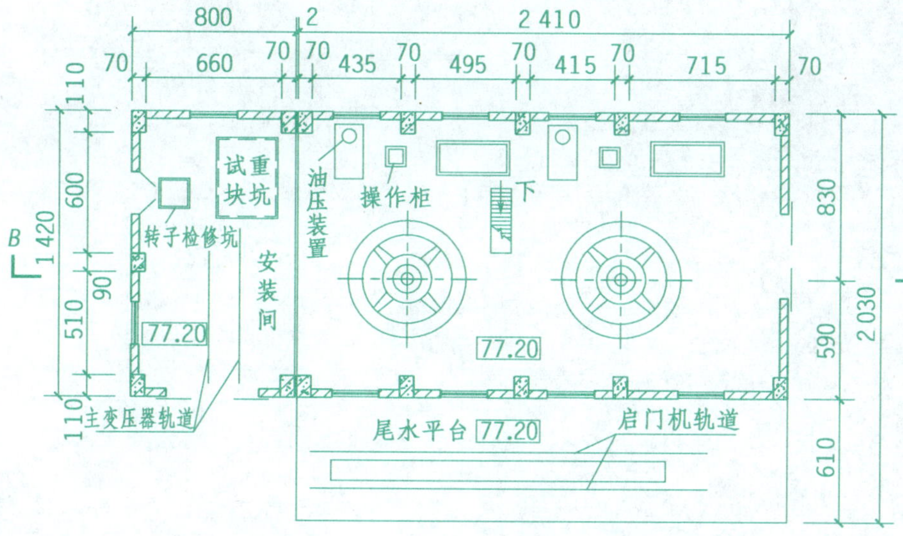


C—C (发电机层)

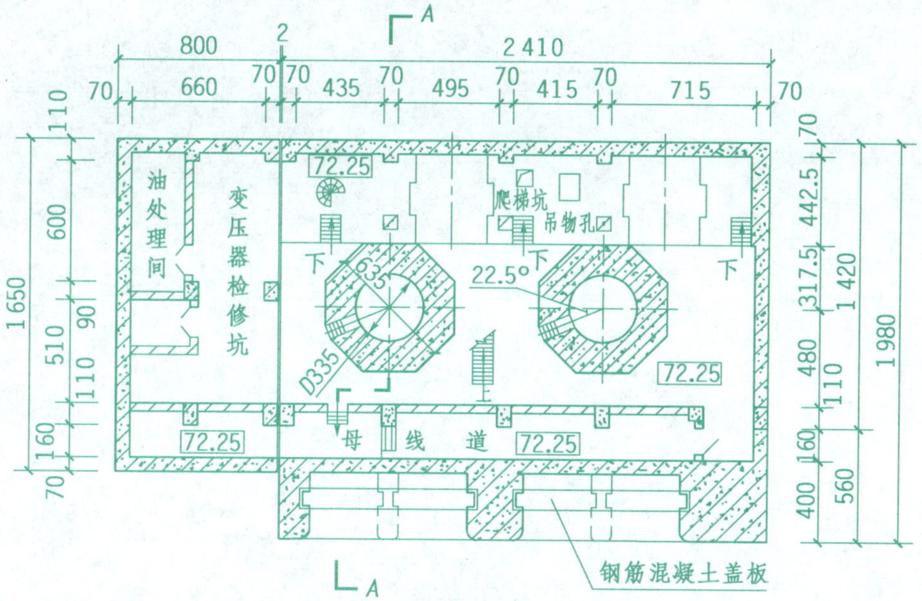


D—D (水轮机层)

说明：

1. 本图尺寸：标高以m计，其余以cm计。
2. 本图比例为1:350。

| | | | | | | | | |
|---|---|---|---|---|---|---|---|---|
| 十八 | 水利工程图(三) | 专业 | 班 | 姓名 | 学号 | 日期 | 评阅 | 成绩 |

19-1 根据给出的资料(钢筋混凝土条形基础通用详图 J 和附表)，要求完成：

1. 画全基础平面图中条形基础底面的宽度轮廓线。
2. 画全钢筋混凝土条形基础 J4 的详图，并注全尺寸(条形基础 J4 的形式、构造、高度尺寸和埋置深度与通用详图 J 相同)。

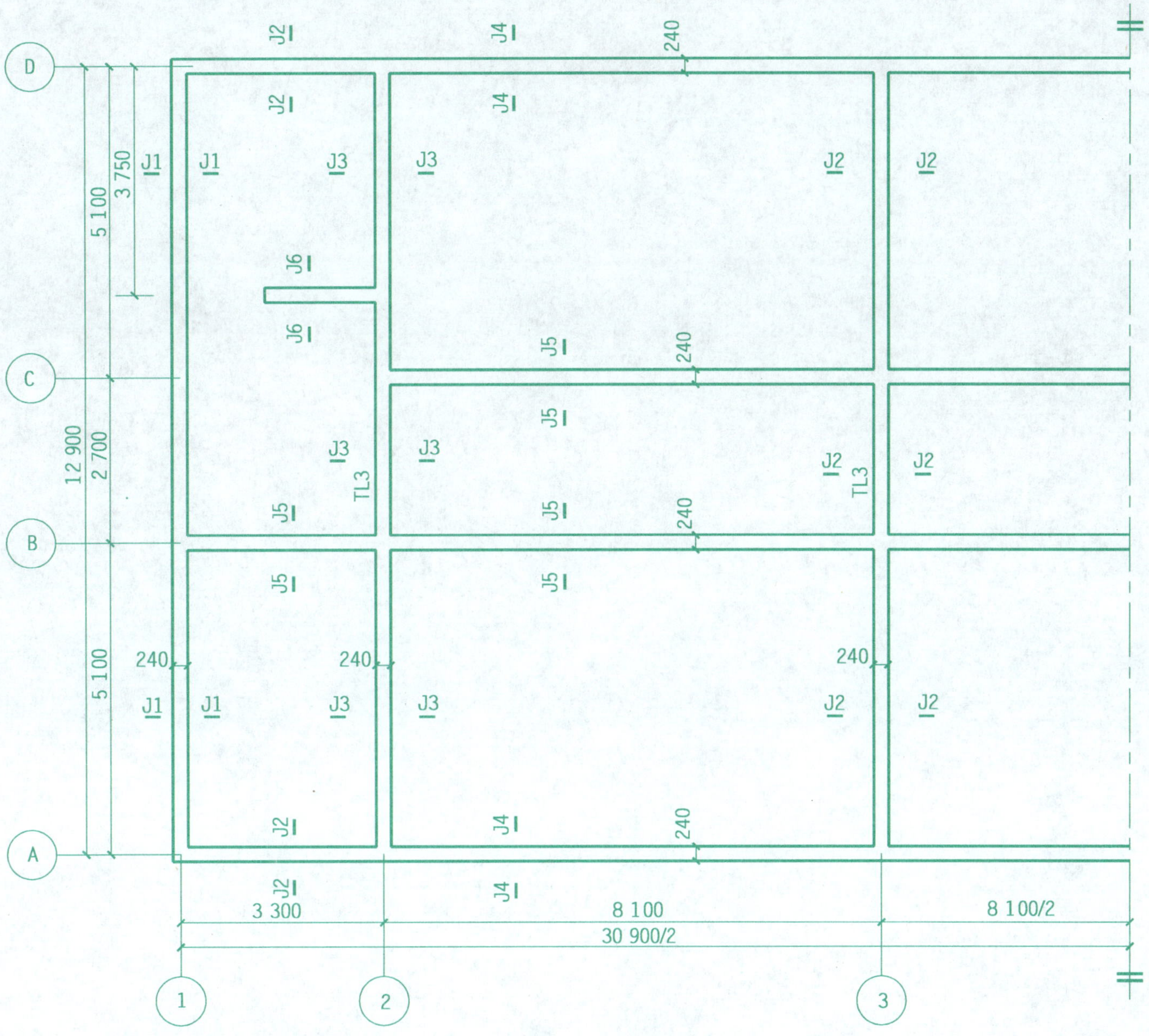

基础平面图 1:100

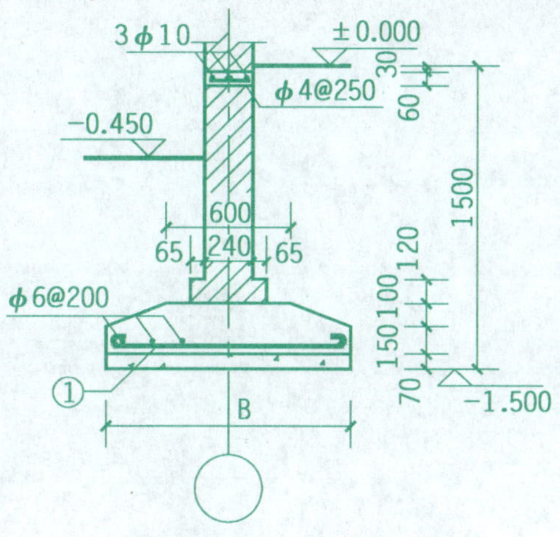

J 1:30

条形基础 J

| 编号 | 宽度B | 受力筋① |
|---|---|---|
| J1 | 1 200 | $\phi$8@180 |
| J2 | 1 300 | $\phi$8@150 |
| J3 | 1 500 | $\phi$10@200 |
| J4 | 1 430 | $\phi$10@200 |
| J5 | 1 600 | $\phi$12@200 |
| J6 | 600 | 素混凝土 |

说明：

1. 条形基础采用C20混凝土，纵向分布筋均采用 $\phi$6@250，垫层采用C10混凝土。
2. 基础垫层底面标高均为-1.500m。
3. 本图尺寸：标高以m计，其余以mm计。

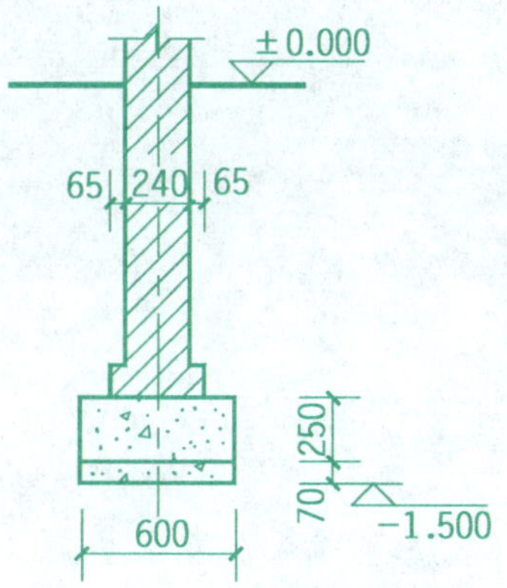

J6 1:30

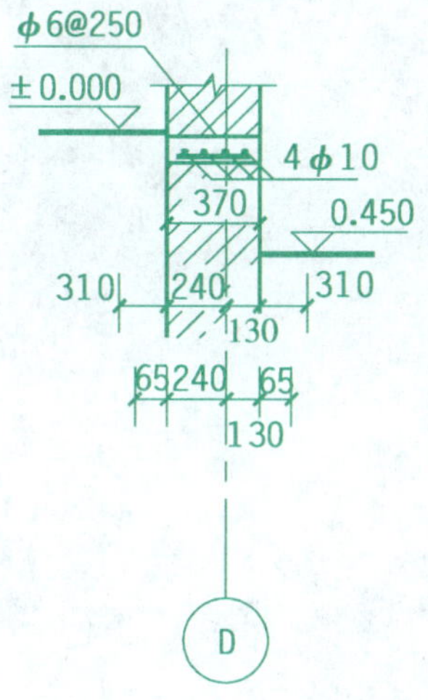

J4 1:30

| 十九 | 结构施工图(一) | 专业 | 班 | 姓名 | 学号 | 日期 | 评阅 | 成绩 |
|---|---|---|---|---|---|---|---|---|

19-2 根据钢屋架支座节点的立体图画出它的三视图，比例自定(尺寸单位：mm)。

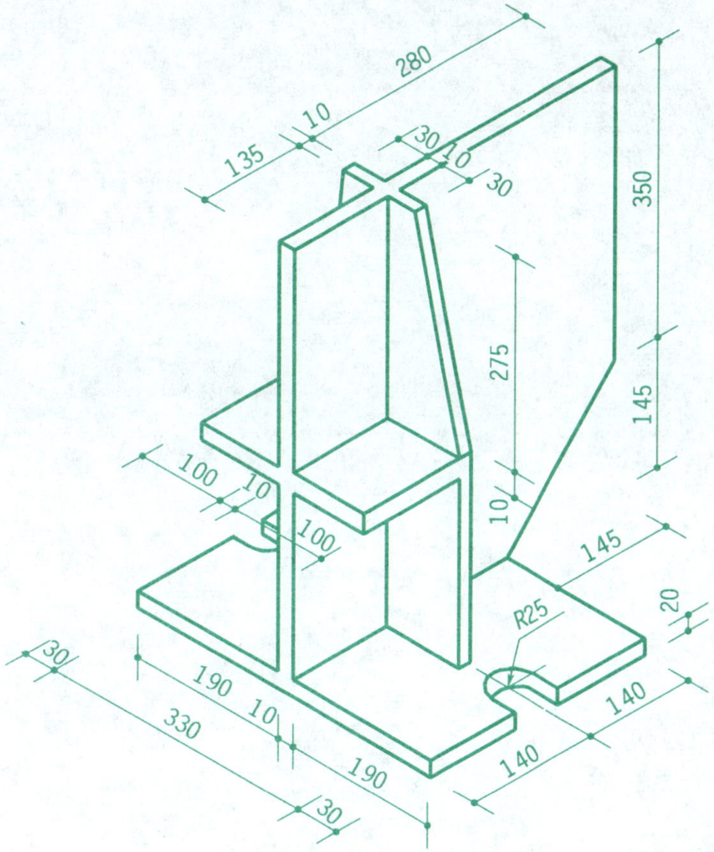


19-3 已知梁长为 4m，根据立体示意图画出 1/2 梁的立面配筋示意图，并画出跨中断面图及弯起钢筋起弯后临近支座的断面图，比例自定(尺寸单位：mm)。

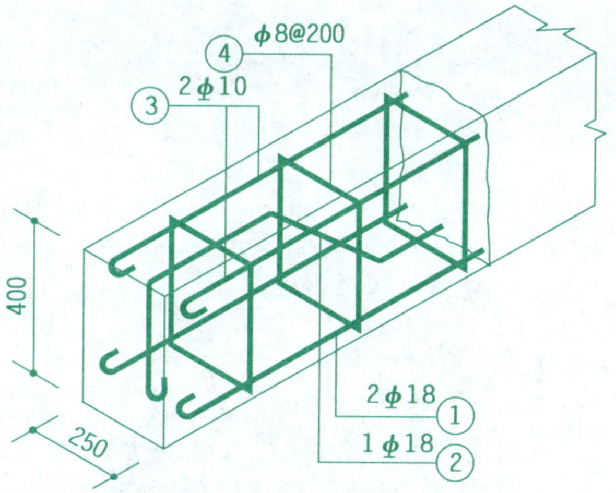


| 十九 | 结构施工图(二) | 专业 | 班 | 姓名 | 学号 | 日期 | 评阅 | 成绩 |
|---|---|---|---|---|---|---|---|---|

19-4 已知某隧道衬砌的钢筋图，试画出钢筋 N1、N4 构造大样图和计算每延米(每 1m 长洞身)的钢筋数量及主要工程量。

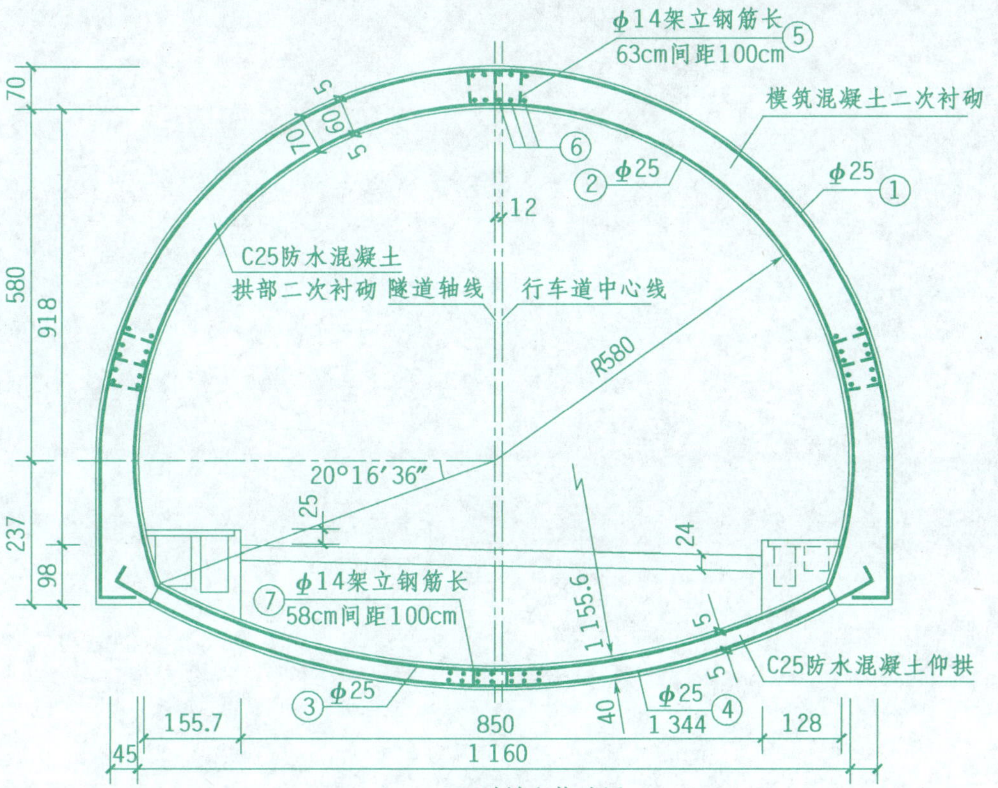

D 型衬砌构造图 1:100

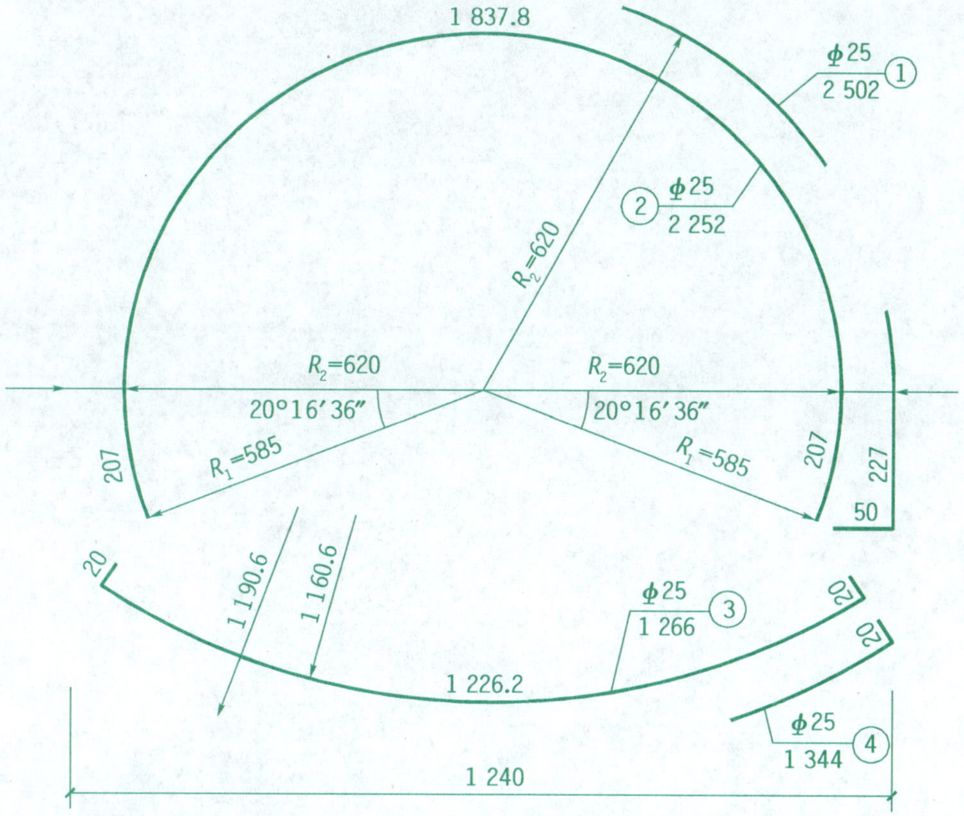

N3、N4弯钩大样

N1弯钩大样

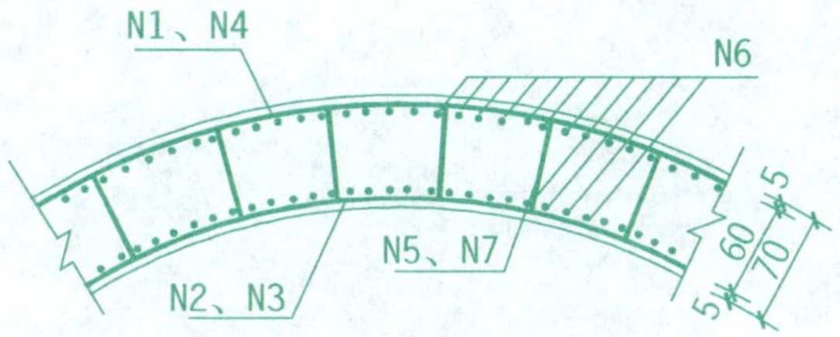

二次衬砌配筋图

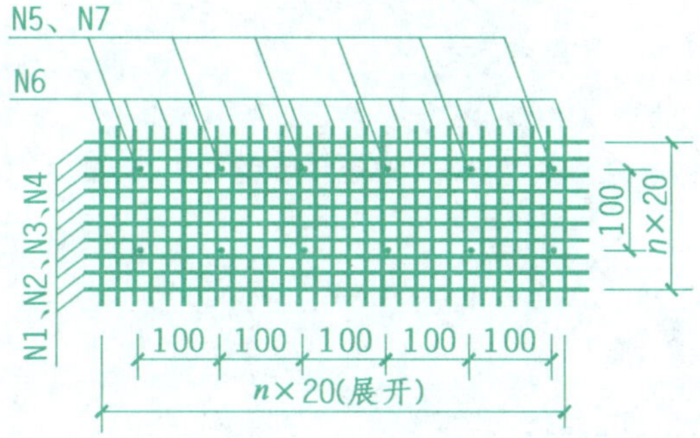


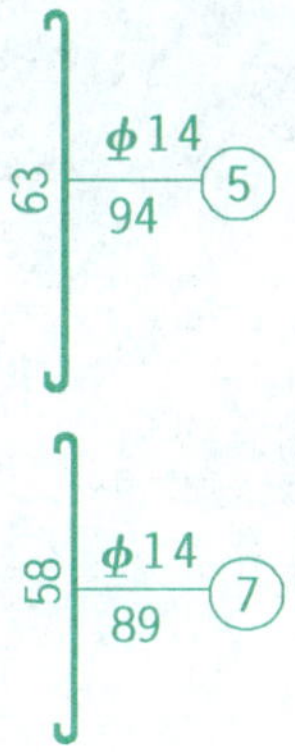


主要工程数量表(每延米)

| 项目 | 单位 | 数量 |
|---|---|---|
| R235钢筋(I) | kg | 133.5 |
| HRB335钢筋(II) | kg | 1 548.4 |
| 衬砌混凝土 | m | 11.43 |
| 仰拱混凝土 | m | 4.61 |

衬砌钢筋质量表(每延米)

| 钢筋编号 | 直径(mm) | 长度(cm) | 根数 | 共长(m) | 单位质量(kg/m) | 总质量(kg) |
|---|---|---|---|---|---|---|
| 1 | φ25 | 2 502 | | | 3.853 | |
| 2 | φ25 | 2 252 | | | 3.853 | |
| 3 | φ25 | 1 266 | | | 3.853 | |
| 4 | φ25 | 1 344 | | | 3.853 | |
| 5 | φ14 | 94 | | | 1.208 | |
| 6 | φ8 | 100 | | | 0.395 | |
| 7 | φ14 | 89 | | | 1.208 | |

| 十九 | 结构施工图(三) | 专业 | 班 | 姓名 | 学号 | 日期 | 评阅 | 成绩 |
|---|---|---|---|---|---|---|---|---|

20-1 B 型卫生间给排水工程图。

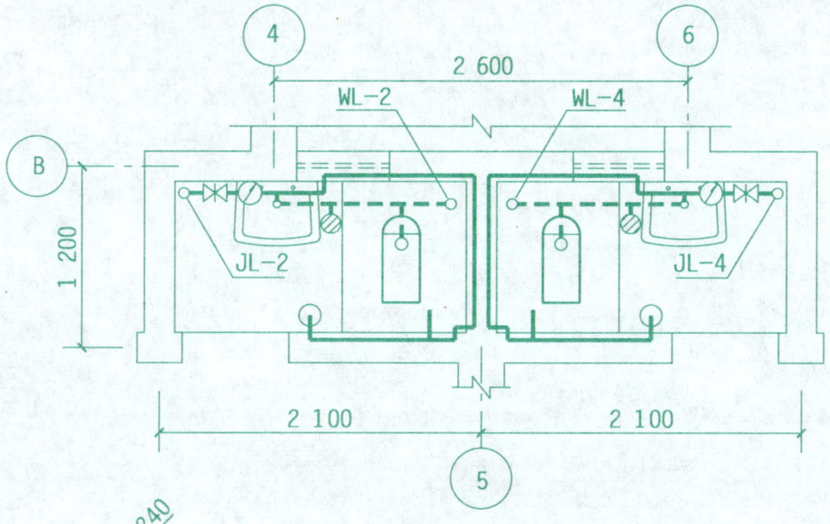


B型卫生间平面布置图 1:50

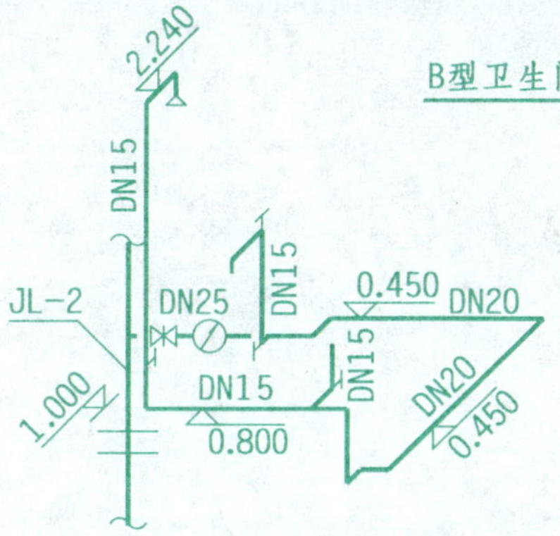


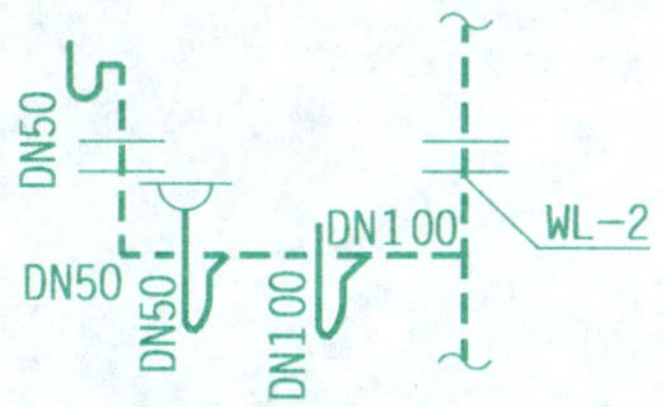


B型卫生间给水支管轴测图 1:50　　B型卫生间排水支管轴测图 1:50

20-2　快滤池立面图。

立面图 1:50

20-3 快滤池工程量表。

工　程　量　表

| 件号 | 名称 | 规格 | 材料 | 单位 | 数量 | 备注 |
|---|---|---|---|---|---|---|
| ① | 水头损失仪 | | | 套 | 3 | 见 S726-1,3-3 |
| ② | 闸门 | DN=300 | | 个 | 6 | Z45T-10 |
| ③ | 闸门 | DN=200 | | 个 | | Z45T-10 |
| ④ | 闸门 | DN=15 | | 个 | | Z15T-10 |
| ⑤ | 龙头 | DN=15 | | 个 | 3 | 取水样用 |
| ⑥ | 90°盘插弯管 | DN=200 | 铸　铁 | 个 | | YB428-64 |
| ⑦ | 双承丁字管 | DN400×200 | 铸　铁 | 个 | 6 | YB428-64 |
| ⑧ | 双承丁字管 | DN300×300 | 铸　铁 | 个 | | YB428-64 |
| ⑨ | 双盘丁字管 | DN300×200 | 铸　铁 | 个 | | YB428-64 |
| ⑩ | 双承渐缩管 | DN400×300 | 铸　铁 | 个 | 3 | YB428-64 |
| ⑪ | 单盘喇叭口 | DN300　$l$=350 | 钢 | 个 | 3 | |
| ⑫ | 承插直管 | DN400　$l$=2640 | 铸　铁 | 根 | 4 | |
| ⑬ | 承插直管 | DN300　$l$=2550 | 铸　铁 | 根 | 2 | |
| ⑭ | 直管 | DN400　$l$=3200 | 钢 | 根 | 3 | |
| ⑮ | 插盘短管 | DN400　$l$=1000 | 铸　铁 | 根 | 3 | |
| ⑯ | 插盘短管 | DN300　$l$=700 | 铸　铁 | 根 | | |
| ⑰ | 插盘短管 | DN300　$l$=580 | 铸　铁 | 根 | | |
| ⑱ | 插盘短管 | DN200　$l$=1100 | 铸　铁 | 根 | | |
| ⑲ | 穿孔管 | DN80　$l$=1540 | 钢 | 根 | | |
| ⑳ | 镀锌钢管 | DN50　$l$=400 | 钢 | 根 | 3 | 排空管用 |
| ㉑ | 镀锌钢管 | DN40 | 钢 | m | 9 | |
| ㉒ | 镀锌钢管 | DN15 | 钢 | m | 9 | |
| ㉓ | 承堵 | DN400 | 铸　铁 | 套 | 2 | YB428-64 |
| ㉔ | 承堵 | DN300 | 铸　铁 | 套 | 1 | YB428-64 |
| ㉕ | 堵板 | $d$=400 | 钢 | 个 | 3 | |
| ㉖ | 堵板 | $d$=80 | 钢 | 个 | 66 | |
| ㉗ | 法兰 | DN400 | 钢 | 个 | 3 | 见 S311-16,$P_g$=10kg/cm$^2$ |
| ㉘ | 落水管支架 | 套用 DN=200 | 钢 | 个 | 3 | 见 S319-3 |
| ㉙ | 单管立式支架 | 套用 DN=40 | 钢 | 套 | 3 | 见 S119-22 |
| ㉚ | 普通黄砂 | $d$=0.5~1.2mm | | m$^3$ | 24 | 滤料用 |
| ㉛ | 砾石 | $d$=2~3.2mm | | m$^3$ | 24 | 承托层用 |
| ㉜ | 混凝土支墩 | 300×300×200 | | 个 | 6 | C10 混凝土 |
| ㉝ | 混凝土支墩 | 100×100×160 | | 个 | 66 | C10 混凝土 |
| ㉞ | 防水套管 | 套用 DN=400,$L_1$=280 | | 个 | 3 | 见 S312-2,II 型 |

说明:1. 尺寸以 mm 计,标高以 m 计。

2. 所有钢配件的表面均需刷底漆(樟丹或冷底子油)一遍,沥青漆两遍。

3. 防水套管预埋时,在池内的一端与池内壁取齐。

作业一(室内给水排水工程图):

1. 抄绘第二十章中图 20-12 至图 20-14 的厨房及主卫生间平面布置图和支管轴测图,并画出展示图。
2. 阅读并抄绘 B 型卫生间平面布置图和给水、排水支管轴测图。
3. 用 A3 幅面布图。

作业二(快滤池工艺图):

1. 抄绘快滤池平、剖面图,补全工程量表。
2. 阅读并抄绘立面图,补上管件编号。
3. 用 A2 幅面布图。

| 二十 | 给排水工程图 | 专业 | 班 | 姓名 | 学号 | 日期 | 评阅 | 成绩 |
|---|---|---|---|---|---|---|---|---|

21-1 补全底层电气照明平面图中未画出的线路(尺寸单位:mm)。

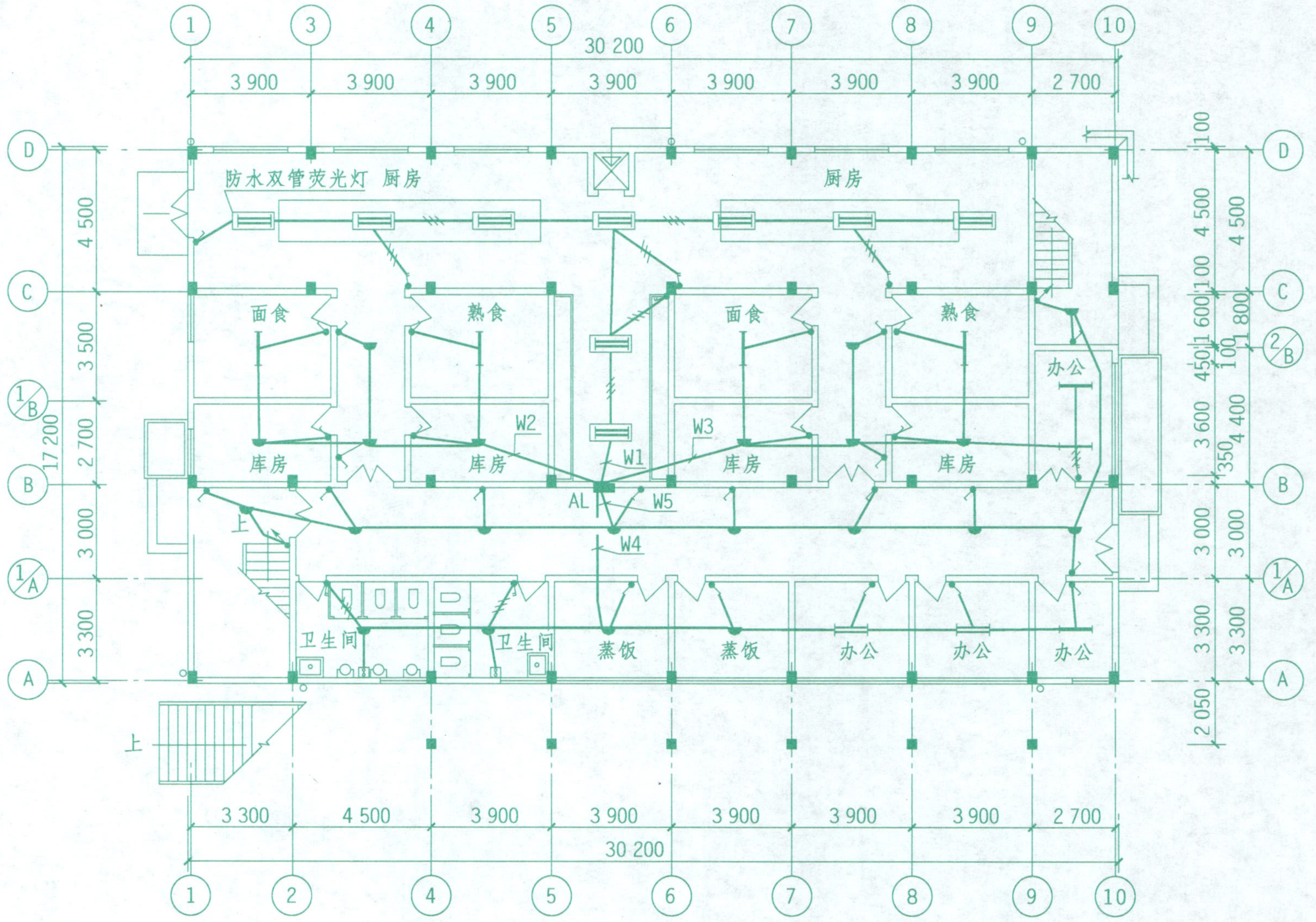


底层电气照明平面图1:100

21-2 抄绘入户分箱系统图并回答下列问题。

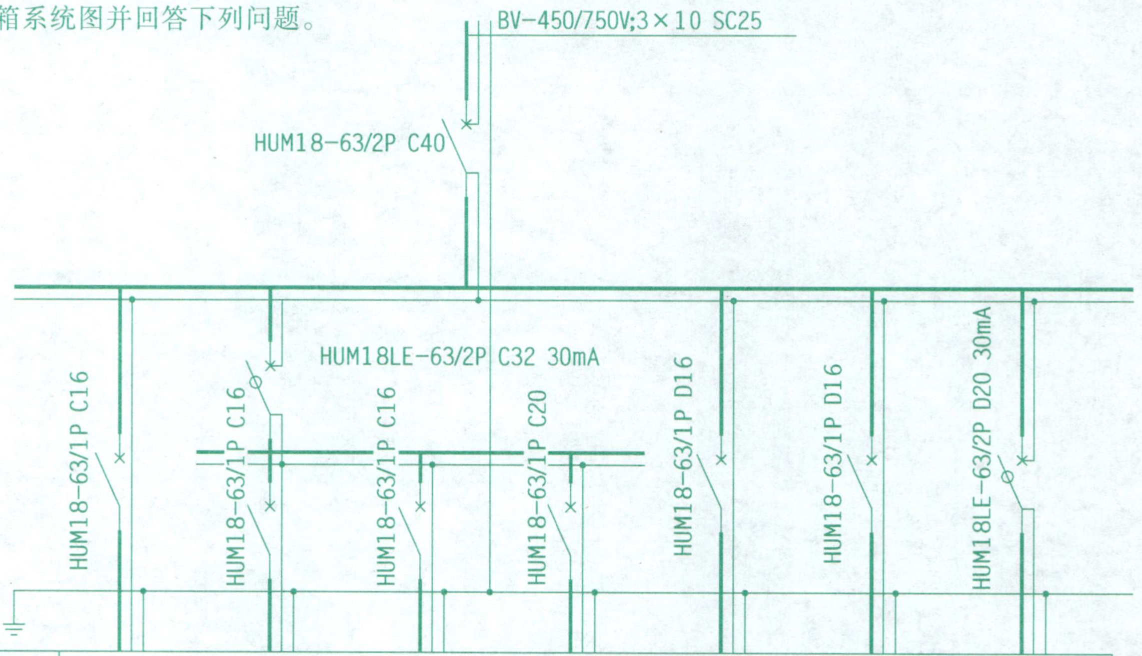


| 配电箱编号/型号 | AF/XRMO- | | | | | | |
|---|---|---|---|---|---|---|---|
| 回路编号 | W1 | W2 | W3 | W4 | W5 | W6 | W7 |
| 设备容量(kW) | 6.0 | | | | | | |
| 功率因素 cos $\phi$ | 0.9 | | | | | | |
| 计算电流(A) | 30.3 | | | | | | |
| 相 序 | L1(L2,L3),N,PE | | | | | | |
| 用电名称 | 照明 | 插座 | 厨房插座 | 卫生间插座 | 空调 | 空调 | 空调 |
| 导线BV-450/750V | 3×2.5 | 3×2.5 | 3×2.5 | 3×4 | 3×2.5 | 3×2.5 | 3×4 |
| 管径,敷设 | SC20-CC | SC20-FC | SC20-FC | SC20-FC | SC20-CC | SC20-CC | SC20-FC |

从图中可以看出有 __ 个回路分别供给 ________________，每户设备容量 ________，功率因素 ________，计算电流 ________。分箱配电箱内的设备有 ________________，HUM18-63/IP C16 表示单相空开一个，整定值 16A。